是炒作還是真相？

媒體與科學家關於真相與話語權的角力戰

從基改食品、動物實驗、混種研究、
疫苗爭議到疫情報導的製作

BEYOND THE HYPE

INSIDE SCIENCE'S BIGGEST MEDIA SCANDALS FROM CLIMATEGATE TO COVID

FIONA FOX
費歐娜・福克斯
陳岳辰——譯

獻給德克蘭（Declan）

也獻給科林．布萊克默爵士（Sir Colin Blakemore），其人具體實踐我對科學的種種期盼：除了研究水準卓越，亦深信與媒體溝通是科學家成功之必須，且在尚未有團隊組織提供支持之前，即勇敢無畏扛下抨擊科學的炮火。科學媒體中心追隨科林爵士的理念，能夠為其開枝散葉，我引以為榮。

「各位在專題報導或大開本雜誌上表現很好，科學新知的介紹相較往昔多出許多……然而頭版頭條卻又是另一番光景了。狂牛症與庫賈氏病無關，然而即使許多科學家辛苦研究後釐清這個大哉問，結論卻依舊無法說服社會大眾。痲疹、腮腺炎、德國痲疹的混合疫苗計畫遭到一位特立獨行的醫生質疑，然而即使尖端研究全都表明疫苗安全無虞，結論卻依舊無法說服社會大眾。基因改造食品對人類社會有巨大的潛在價值，且至今仍未有證據證明其風險，然而結論同樣無法說服社會大眾。這種現象並不僅僅因為媒體報導習於跟風、不負責任，也因為多數科學家沒有挺身而出面對輿論，以更有說服力的方式和民眾溝通。」

——賽門．皮爾遜（Simon Pearson），《泰晤士報》夜間編輯，科學媒體中心委員，二〇〇二年對皇家學會科學家發表演說

目錄

推薦序 9
臺灣版序 13
序 15
1：基改戰爭 31
科學家與「科學怪人食品」之間的角力
2：絕口不提 53
公開動物研究的漫長道路
3：起初，他們抓共產黨人 82
圍繞肌痛性腦脊髓炎／慢性疲勞症候群（ME/CFS）研究的激辯

4：炒作、希望與混種
人類與動物混種研究的論戰 107
5：解雇大衛・納特
科學的政治化 127
6：科學家對懷疑論者
氣候門的故事 156
7：從水災到福島
如何應對突發新聞 176
8：性別歧視的教授？
蒂姆・亨特的慘痛經驗 191
9：同床異夢
科學家與科學記者間的緊張關係 208

10：瀕危生物？為科學公關人員辯護　231

11：以科學為本　在全球疫情中製作報導的挑戰　251

致謝　281

索引　286

推薦序

台灣科技媒體中心執行長 **陳璽尹**

費歐娜從二十年前英國的新聞事件寫起，我們卻時時看見書中倒映著此時臺灣的身影。科學與新聞之間的互動關係，在我進入台灣科技媒體中心工作之前的學術領域，從來不曾觸碰到。那時的我們，視必要且嚴謹的動物科學實驗為當然，認為媒體應該盡可能忠實描述科學，更常因為媒體描述科學時的錯誤而憤慨不已。但另一方面，我們同時也是重視生態價值，捍衛生命權利，反對權威與謊言的科學學生。然而在許多具有爭議性的科學議題上，具備以上知識、經驗與觀點的「我們」，時常感到混亂。

我在二〇二二年代表台灣科技媒體中心動身前往倫敦，參加全球科學媒體中心的國際會議。那是我們受到國際認可加入網絡後，第一次出席。會議中，我見到了世界各國同為科學與媒體奮鬥、遙遠而親密的夥伴。也是在那次會議上，我見到了先行者費歐娜，拿到了她親贈的英文版*Beyond the Hype*。

台灣科技媒體中心原為國科會的旗艦計畫。計畫初期，多位科學傳播、科學及新聞學者組成歐洲參訪團，因緣際會拜訪了英國科學媒體中心，隨後奔走爭取首筆經費，在臺灣籌組科技媒體中心。當時我並非因仰慕其價值而就職，但在第一年的工作中，我大量閱讀英國科學媒體中心甫成立時發表的科學家意見、當時的新聞與費歐娜的專欄，進而尋獲本書所提及的多個經典案例，例如基改與大鼠實驗、氣候門駭客事件，以及引發全球謠言四起的麻疹疫苗與自閉症研究起源。越是理解過去，我越是受到感召，更是因為科學媒體中心堅守的價值，讓臺灣與世界齊步，擁有了獨立的科技媒體中心。

我曾讀到費歐娜寫過這麼一句話，她說，「我不在乎社會大眾最終是不是支持基改作物，我在乎的是大眾有沒有接收到最好的植物科學家的意見。」與其說科學媒體中心是為科學而戰，不如說，我們與科學家和記者站在同一陣線，盡其所能捍衛大眾的知情權利。

然而，「維護大眾知情權」這句話，執行起來卻異常複雜。我們常能輕易標定出牽涉其中的層層機構，例如說政府部會、行政智庫或各大學術機關，我們卻很難關注到牽涉其中每一個各司其職的角色，在現實中的掙扎與為難。英國科學媒體中心的運作邏輯非常簡單：無論何時、何事、何地，無條件支持科學家第一時間公開向記者說明現有科學證據的解釋強度，以及眼下科學研究的侷限。但因為實際上手握書寫事實大權的人是記者，而記者的書寫角度與受訪機關的立場不一定相同，雙方不免緊張。一個擁抱新聞自由的社會，不會期待記者是特定立場的傳聲筒，但一旦彼此立場不同，記者採取的角度又會成為眾矢之的。

面對這亙古的兩難，費歐娜選擇的策略是開放、透明與誠信。科學媒體中心的角色，並非要支持或反對特定立場，而是在正反之間，撐出一個根據科學證據而存在的討論空間。在是非黑白之外，更相信身處其中的每一個人都有根據證據討論的機會。而這個空間才能讓記者信任資訊並無隱匿，證據得以呈現，討論得以展開，而不必要選定立場大力抨擊，這也才能讓新聞媒體成為民主國家中不可或缺的第四權角色。

在新聞式微，數位資訊大量湧進我們閱聽環境的時代，當我說起新聞之於民主社會的價值，我們又應該如何支持記者、改變搖搖欲墜的新聞產製系統，就連新聞從業者也說我天真。但總有一些事情不能放棄，而好在英國科學媒體中心在這二十年間讓我們看到理想是能夠實踐的，現況是可以改變的。

我對本書在臺灣出版感到雀躍，這正好補足了我們借鏡歷史的需求。然而，也不免扼腕，若能更早讀到這本書，或許我們在臺灣的工作能少走一些彎路。國際科學媒體中心網絡中，臺灣目前仍是亞洲唯一成功運作的國家。這既與我們的民主、新聞自由、公民社會的蓬勃發展息息相關，更能顯示臺灣社會追求真相的態度——我們渴望資訊的公開透明，也重視基於證據的理性對話。我也相信，這些故事不僅是故事，其中儘管曲折卻仍舊走出一條清晰道路的經歷是盞明燈，照亮我們的每一個選擇。

臺灣版序

本書敘述了科學與媒體關係之中全新且獨特的實驗在早期如何發展。從疫苗、基改作物到「客製嬰兒」，媒體風暴越演越烈，社會對科學的信任度一再下降，而英國科學界找到的解答就是科學媒體中心（Science Media Centre）。當時既存的傳播管道失去作用，科學資訊被口水戰淹沒，因此科學媒體中心勢必要另闢蹊徑，採取迥異於以往的策略。我們確保中心獨立於任何組織或議題，不做特定立場的傳聲筒，也不為科學機構做公關，全心全力傳遞最優質的科學知識。我們還察覺科學進入新聞中其實是天賜良機，能夠在社會大眾和政府決策者最感興趣的時間點提供最有力的科學證據，所以科學媒體中心不鼓勵低調，而是支持科學家擁抱爭議。為此我們公開提出質疑，希望化解科學家直接與媒體互動時遭遇的種種障礙和限制，無論壓力來自政府、機構抑或單純的恐懼感。不久之後，科學媒體中心自己進行了研究，證據顯示危機時刻主動提供資訊，確實能改善媒體報導科學的方式。本書會提到這些早期成功經驗，也會解釋我們如何在科學圈掀起一波革命浪潮。

科學媒體中心是個新穎特別的嘗試，創立之初我未能想像到的是：二十年之後它竟擴展為全球網絡，英國的中心只是其中一員。今年是澳洲科學媒體中心的二十週年慶、德國科學媒體中心的十週年慶，我們還與紐西蘭、西班牙、臺灣密切合作，一同支援馬來西亞、南韓、愛爾蘭新成立的中心。科學媒體中心的運作模式非常獨特，每個國家又有各自不同的媒體與科學文化，兩者能夠順利融合相當振奮人心。而這個運作模式對於記者和研究人員又別具意義：科學媒體中心保持獨立地位，不受各種政治力左右，樂於親近媒體，並且鼓勵支援優秀科學家公開與記者交流。

本書在臺灣出版之際正值科學界的憂心時刻。針對疫苗與氣候變遷等等議題，大量不實資訊在全世界四處流竄。許多人不肯就證據進行公開討論，只會發表極化與惡毒的言論，最先被犧牲的往往是真相。然而現在放棄還太早，既然明白建立在最佳證據之上的討論和政策才是公眾之福，科學媒體中心就該朝這個方向繼續努力。相較於過去，現在更需要科學家挺身而出，為影響時代的重要辯論注入精準可靠、本於證據的科學資訊，書中也敘述了一旦實現這個目標能帶來多大的改變。

我對台灣科技媒體中心[1]的表現引以為榮，也非常開心能透過這本書向科學家、記者、科學傳播者介紹科學媒體中心的起源，與大家分享開放與誠信的價值觀。

1　編按：臺灣的 Science Media Centre 稱為科技媒體中心。

序

二〇〇九年九月新聞頭條說「癌症疫苗導致少女死亡」，原因是十四歲女學生娜塔莉・莫頓（Natalie Morton）在校內接種人類乳突病毒（HPV）疫苗之後不幸喪命。以宗教界為首的某些社會群體本來就對學生接種子宮頸癌疫苗[1]很感冒，他們認為既然病毒透過性行為傳染就不該給未滿十六歲的人注射疫苗。新聞一出，疫苗安全與否受到各方關注，頭條追蹤數日之久，然而事隔十年我在一場科普活動上詢問，請記得此事的聽眾舉手，結果一個也沒有。反觀麻疹、腮腺炎、德國麻疹混合疫苗（即MMR三合一疫苗）導致自閉症一說，最早於一九九八年就曾登上頭條，現場所有人都舉手表示有印象。

同樣是疫苗害命的驚悚新聞，為什麼一則深植人心、另一則卻遭到淡忘？我的答案，亦即本書的主題，就是科學家終於懂得如何發聲。這個轉變的部分原因在於我參與創立的組織——「科學媒體中心」（Science Media Centre, SMC）始於二〇〇二年，推廣科學界以嶄新

1 譯註：HPV疫苗即用於預防子宮頸癌。

主動的態度因應新聞頭條。我們的宗旨是「科學家懂媒體，媒體才能懂科學」，改善科學新聞最簡單有效的辦法就是科學家與記者攜手合作，一起努力將報導內容寫正確。

時至今日，科學媒體中心的人才庫已有三千多位頂尖科學家進駐，獲得全英國所有媒體渠道採用，每年舉辦約六十場記者會。我們也運用超過一百個組織團體的小額捐款擴大影響力，觸角遍及全世界，澳洲、加拿大、紐西蘭、德國各自成立了科學媒體中心，美國亦有性質類似的單位。最新生力軍包括臺灣以及面對全非洲大陸的機構，西班牙的新中心預計於二〇二二年初開始營運。

二〇〇九年，第一位記者致電我們想瞭解娜塔莉．莫頓的死因，我立刻聯繫人才庫內所有疫苗專家，請大家針對焦點新聞做出即時回應。從接下來幾小時延續到數日之內，許多專家接受新聞節目訪談，意見得到各大媒體轉述。他們協助製作問答集、事實查核表格與清晰圖片，於是媒體版面上不再只有少女意外暴斃這種嚇人的文字敘述。由於是突發個案，科學家們當然也無法徹底掌握來龍去脈，然而這並不代表不能回應，他們透過堆積如山的資料證明疫苗安全且有效，因此短短幾小時內頭條風向就變了，例如《每日郵報》報導「專家表示癌症疫苗安全無虞」。

過去科學家傾向迴避媒體，喜歡躲在實驗室而非暴露於鎂光燈下。這其實是人之常情。當時尚未強調科學傳播可及性（accessible science communication），也不將其視為公共財，學術界進入公眾討論的誘因少之又少，參與者多半只是推動科學普及，也就是介紹自己的研究領域或科學基本原則，而且人數並不多。不過情況逐漸轉變了，一九八五年皇家學會提出《公眾的科學理解》，又稱為「博瑪報告」（Bodmer Report），呼籲科學家將公眾參與視為自身的社會義務。一九九〇年代末，研究經費分配方式也有所調整，針對媒體工作提供更多誘因，譬如必須將成果與大眾分享才能獲得補助。種種措施發揮作用，科學家開始主動接觸媒體，將研究結果告知可信賴的科學記者。即便如此，科學爭議登上頭版頭條時問題仍在：一旦捲入媒體報導就得與各方運動人士或病友團體交鋒，不習慣大陣仗的研究人員通常無意涉入，許多不正確資訊在媒體狂潮中應運而生，對公眾的科學理解以及公眾政策制定造成莫大衝擊。

然而從HPV疫苗恐慌之中可以看見事情已經出現轉機，面對複雜、聳動、可能損及學術聲望的新聞，科學家不再選擇逃避而是正面迎擊。死亡個案本身固然是悲劇，但他們的參與將報導風向和資訊導回正途，最終促成公眾對疫苗證據更深入的瞭解。

是什麼改變了？雖然很想在此居功，不過若要理解科學界起了什麼變化，首先就要看看科學媒體中心為何存在。

＊

千禧年前後登上頭版頭條的科學新聞並不只有MMR三合一疫苗，其他諸如動物研究設施與基因改造食品也招致負面觀感和資訊錯亂。儘管當下仍有少數勇敢科學家願意出面解釋，卻不足以扭轉輿論和政策遭到誤導的趨勢。

這些領域之中，多數科學家主動迴避媒體接觸。他們隱居在大學或研究所，心裡在乎的只有下一次實地實驗，抑或是在同儕審查期刊上發表成果。我訪問過世界一流研究機構內的植物科學家，他們對當年的情況著實不解，只能眼睜睜看著善於操作媒體的環境運動人士偕同各路小報以鋪天蓋地之姿妖魔化基因科技及其前景。結果如何呢？社會大眾、政治人物以至於超級市場在第一粒基改農作物問世之前就咬牙切齒全面抵制。

一九九九年，英國科學界無力回應媒體亂象的問題，得到上議院科學技術特別委員會重視。時任科技部長的森寶利勳爵（Lord Sainsbury）與已故的詹金勳爵（Lord Jenkin）共同推出《科學與社會調查報告》，對公眾的科學理解這個主題貢獻卓著，如今已是科技傳播課程的必讀經典。報告內容反映出上個千禧年末科學與媒體之間關係緊繃：知名科學家感慨媒體報導不受控制、指責記者破壞大眾對科學的信任，但科學記者反唇相譏，認為科學家自恃精英高高在上、每年露臉一次彷彿下詔，然後又會躲回學術舒適圈。英國廣播公司（BBC）科學記者帕拉卜．戈希（Pallab Ghosh）敦促科學家不要只會抱怨遊戲規則，捲起袖子跳進場內才是正解。

公元兩千年發表的《科學與社會調查報告》呼籲投入新資源，訓練並鼓勵科學家與媒體互動，其中一段提到：

> 英國科學文化需要一次重大革新，與媒體建立開放且正向的溝通管道。為達成此目標需要訓練與資源，更需要組織架構……尷尬與挫折在過程中在所難免，不過若能成功，重燃公眾信心便是最為豐碩的回報。

為了落實這些理念，科學媒體中心誕生了。

＊

MMR三合一疫苗與基因改造食品掀起軒然大波的時期，我原本還在英國天主教海外發展處（Press for the Catholic Agency for Overseas Development, CAFOD）當媒體主任。千禧年前夕，我有幸在千禧債務減免運動（Jubilee 2000 Campaign）中擔任領頭羊，活動獲得一時成功，激發大眾與媒體對美好世界的固有追求，造就很多極具意義的重要改變。然而彷彿狂歡結束宿醉酒醒，媒體對開發中國家債務問題的興趣一下子煙消雲散，單純的發展議題越來越難勾起關注。

我的媒體策略也不得不走上偏鋒：讓約克郡水災難民與莫三比克水災難民會面、在唐寧街丟金條抗議國際貨幣基金拒絕出售黃金儲備資助減債計畫，並安排甫入教的國會議員安．維德坎姆（Ann Widdecombe）參觀天主教海外發展處的非洲專案，希望能扭轉她對減債的想法。結果適得其反：她原本就認為減債計畫會淪為非洲貪腐政府中飽私囊的機會，參訪過程反而深化了這種信念，行程結束回國後也在許多廣播或電視訪談表達立場。《每日電訊報》特稿編輯表示他們願意刊一篇來自我方的意見，前提是必須改以鮑勃．格爾多夫（Bob Geldof）或波諾（Bono）之類名人[2]的名義。當下我明白離開的時候到了，我不想停留只有靠腥膻色或知名度才能爭取曝光的工作領域。再看看還有什麼主題能登上頭版，我發現答案是科學。

我表示自己想為科學界經營媒體關係的時候，不少朋友都笑了。以過去成績而言，我在威爾斯語、英語和歷史拿到了A，還有一個新聞學學位。但跟當時大部分人一樣，我很關心

2　譯註：兩者都是知名音樂家。

圍繞在基因改造食品和MMR三合一疫苗的辯論，而且我非常支持科學。此外，我也想為那些在報導上總是居於劣勢的陣營做點什麼努力。

大約同時，我讀到二〇〇一年一月蘇珊・格林菲爾德（Susan Greenfield）教授接受《金融時報》的專訪，她提到想在皇家研究院（Royal Institute）內成立全新獨立的媒體中心作為科學家與記者之間的橋梁。格林菲爾德教授除了在神經科學與科普方面厥功甚偉，也是皇家研究院首任女性院長。從她願意穿著招牌迷你裙為《Hello!》雜誌擺拍，解釋大腦機制也能講得許多聽眾津津有味，可以想見她對媒體工作有著獨樹一格的見解。森寶利勳爵在報告書中提到新形態媒體中心，詢問是否能以皇家研究院作為據點，格林菲爾德教授欣然接受。

六個月後，我的面試官陣容非常豪華，由八位科學界大人物組成，其中包括已由布萊爾首相授予爵位的格林菲爾德本人、《自然》期刊主編菲利普・坎貝爾（Philip Campbell）博士，以及前自然環境研究委員會主席約翰・克雷布斯（John Krebs）爵士教授。我的資歷其實並不合乎要求，但這也代表我無需對失敗畏首畏尾。而且雖然我不具備她們期待的科學背景，以二〇〇一年的情況而言我不認為有人真的能兼顧媒體處理與硬派科學，也因此我的訴求很明確：我認為科學媒體中心需要一個深度瞭解媒體需求，同時又能協助科學家將話講得簡白易懂的人，學術背景反而並不那麼重要。這場賭局最後是我贏了，不過她們也表明態度，基於這個決定有其風險所以給我的年薪比徵才啟事少了一萬英鎊，這筆錢會拿去多招募一個具博士學位的人。我無所謂，接下來好幾天宣佈新工作的時候，朋友們一臉不可置信。我在科學世界的冒險啟程了。

*

過去二十年間，科學界的文化經歷重大革新，科學家從象牙塔內遙不可及的存在搖身一變成為真正參與國民生活的專家學者，一般認為科學媒體中心既是這股變革的推手，也是其成果。透過本書內容，我記錄這場寧靜革命的進程，揭露過去二十年間最爭議的科學報導背後有何祕辛，並針對科學通訊面對的新威脅提出自身見解。由於阿拉斯泰爾．坎貝爾（Alastair Campbell）和多米尼克．卡明斯（Dominic Cummings）等幾位政治化妝師及特別顧問的爆料，社會大眾對於政壇內幕已經不再陌生；反觀科學雖然深深影響人類生活，尤其大眾仍在摸索新冠疫情後的新生態，我們對於科學新聞卻尚未建立同等意識。作為科學新聞負責人，在第一線見證過科學與媒體交鋒，我希望本書能激起讀者對於當代重要科學議題的興趣，或者幫助大家理解科學與政治、文化、社會整體之間有何複雜交集。

書中收錄的事件對某些年齡段的人或許耳熟能詳。想必還有人記得大衛．納特（David Nutt）教授曾經擔任英國政府的藥物首席顧問，卻在二〇〇九年十月被迫下臺（詳見第五章）。同年僅僅一個月之後，氣候變遷否定團體為證明暖化議題是造假，以駭客手法盜取了學術界的電子郵件並引發全球騷動（詳見第六章）。其他章節涉及的主題層面更廣，例如動物實驗如何從科學界的黑暗小祕密蛻變為大眾接受的醫藥研究環節（詳見第二章），或者原本對「科學怪人食品」之類聳動標題惶恐迴避的基因改造研究者如何轉型，不僅成為新形態媒體投入的主要推手，甚至不惜與查爾斯三世及環境運動人士槓上（詳見第一章）。再來也會提到政府試圖禁止科學家對人類和動物胚胎進行研究，結果引發科學界與病友代表團體史無前例的反撲（詳見第四章），為日後更複雜的倫理議題如人類基因編輯或所謂「三親嬰兒」奠定基調，深切影響了政壇與民間的思考方向。

有兩個篇章不講述特定事件，從更宏觀的角度探討科學傳播與新聞這個主題。第九章提到儘管我在科學媒體中心工作勢必常與媒體搏鬥，結果卻也常為英國的科技、健康和環境記者出頭，因為部分科學家批評媒體做出爛報導時其實根本良莠不分。第十章則談到我個人的擔憂：科學新聞發言人恐將瀕臨絕種，因為主攻研究的大學越來越走向商業化營運，研究通訊或許終將被巨大的行銷部門併吞。

少部分事件未能有個圓滿結局或落入較大主題分類中，甚至未必與科學媒體中心的職務緊密相連，但也不該因此忽略。二〇一五年某次科技新聞記者會上，諾貝爾生物學獎得主蒂姆．亨特（Tim Hunt）爵士的言論涉及性別歧視引起輿論嘩然，當時科學媒體中心沒有機會介入太多，但後來另一次全球重要科學報導上我則有機會提供建議（詳見第八章）。肌痛性腦脊髓炎（myalgic encephalomyelitis, ME）或稱慢性疲勞症候群（chronic fatigue syndrome）恐怕多數讀者並不熟悉，但事件經過呈現出科學家及研究證據持續遭到抨擊時，科學媒體中心能夠做什麼（詳見第三章）。

本書絕大多數內容圍繞一個主題：力爭得來的公開透明值得好好守護。部分事件描述中，讀者會看到我向政府據理力爭，避免獨立科學家承受高層壓力而無法公開發言。這種情況十分普遍，存在於政黨提出的反遊說條款中，也反映在政府通訊官員對獨立科學通訊的過度干預。

*

我與阿拉斯泰爾．坎貝爾不同，原本沒想過會出書，也沒有寫日記的習慣，因此書中故事是我個人對於過去二十年經歷的回顧。想必我腦海中的事情經過會與其他事件參與者的記憶有所不同，而且即便我如何努力也不可能百分之百準確，所以藉此機會先向在我記述中遭到忽略或扭曲的各位道歉。前些時候我與內政部一位新聞官聊到自己在寫書，內容牽涉到大衛．納特教授下臺一事，對方建議我可以與他比對記憶細節，但我婉拒了。本書用意並非客觀呈現科學在二十一世紀媒體中的面貌，僅僅作為我個人經歷的一份紀錄。或者換個說法：這是我的書，書中內容是我的記憶，圍繞著觸動我、激怒我或啟發我的人事物，從中汲取的寶貴經驗具現在科學媒體中心及其遍及全球的網絡上。

工作上我常提醒科學家要突出研究內容的不足和侷限，此處就來以身作則：「媒體」一詞涵蓋甚廣，囊括多種不同新聞類型，時事、特寫、紀錄片、調查報導等等不一而足。科學媒體中心的標語是「當科技遇見頭條」，顯見我們更專注在具有時效性的部分，本書也會反映這個特點。我個人十分喜愛調查報導，也很希望科學領域上有更多相關作品，然而科學媒體中心是個八人小團隊，一天二十四小時光是處理需索無度的新聞猛獸就已經分不開身。

再者科學媒體中心不敢自恃過高，將二十年間科學通訊的文化演變攬功於自身。二〇〇二年當下已有許多大門敞開，例如公眾科學理解增進委員會，同時挹注資金的單位也對從事媒體事務的科學家提供更多獎勵。文化革新早已開始，我們只是搭上順風車，協助大家跨越一部分障礙。

此處順便介紹個術語：本書是對主題記者的致敬，業界通常稱之為「分線」記者（“beat” reporter）。分線記者潛心經營單一主題，累積多年經驗與深厚知識，以我所接觸的範圍包括科技、健康、醫藥與環境這幾個領域。雖然不同分線的報導內容相去甚遠，但在本書中為求理解方便就統稱為科學記者。

科學媒體中心自然也得到許多專家學者的幫助，其中不乏社會科學研究者與工程師。工程師時常問我們能不能更名為科技工程媒體中心，我們不為所動是因為目前並沒有「工程記者」這個分類，而媒體的態度也與我們相同，視工程師為特定報導主題的核心人物。對我而言，工程師與其他領域專家學者是同等地位，但整體而言工程學造成的爭議少於科學，或許也解釋了為何媒體的關注比較少，畢竟鮮少有人指控工程師扮演上帝、將人類社會暴露於新風險之類。有些工程師覺得自己的專業領域在媒體上風頭不足，我會建議各位想清楚再許願。

＊

最初我沒想過自己會成為科學開放的倡議者，也沒料到會花上許多時間去爭取將科學主題從政府通訊中獨立出來，然而科學媒體中心的理念和願景在一次次事件、一次次奮鬥中愈發清晰。最需要專家參與的辯論裡，學者受到種種限制而缺席，這是我們親眼所見，因此堅定要求科學家不再被制度捆綁。常有人要求我提出證據，證明這些限制確實有損公眾利益。這項證明十分困難，而且每當一位科學家對媒體發聲受阻，總會有另一位科學家勇於出面。我希望讀完本書之後，讀者也會同意盡可能讓科學家對媒體發聲，才是國家之福。

甫進入科學媒體中心時，我以為自己與科學只會有幾年的緣分，沒想到二十年過去了我仍在這個領域。旅程之初，科學與媒體之間的文化碰撞曾被形容為「同床異夢」，英國廣播公司廣播四臺《物質世界》（*Material World*）主持人昆丁・庫柏（Quentin Cooper）也嘗試解釋為何雙方水火不容：「科學講究細節、精準、客觀、技術、持續、事實、數據，在乎的是對錯。新聞講究簡短、概括、個人、口語、即效、故事、文采，在乎的是當下。」

雖然科學媒體中心誕生於這種文化衝突間，我卻發現科學其實能夠與新聞學相互輝映：雙方都強調公正性，希望能夠超越偏見與政治的干預，將事實和真相傳遞給大眾。某些人眼中無論科學還是媒體，都長期沒能達到如此高的標準，也因此認為是我太過天真和理想化。還有一些人希望科學積極擁抱政治，不認同我對公眾信任受損的顧慮。不過我願堅守本心，相信無論科學還是新聞學，追求的都是大公無私，這樣的資訊來源在高度對立的後真相[3]時代尤為可貴。

對科學媒體中心不滿者時常攻擊我的個人經歷，例如我在大學時期曾加入極左革命團體，他們認為這代表我將政治鬥爭帶進科學界。這則敘述的前半段並沒有錯，我念大學時確

3　譯註：post-truth，意指「共同且客觀的真理標準已然消失」，或者「事實及另類事實、知識、意見、信念和真理之間的迂迴滑移」。二〇一六美國總統選舉和英國脫歐公投前後，此概念以「後真相政治」形式普及化，得到《牛津詞典》評為二〇一六年年度詞彙。

實有幾年時間支持共產主義並在相關領域活動。然而後半段則錯了，我與那段日子的同志們不太一樣，對共產主義的熱情遠遠低於媒體關係事務。

所以我不但沒有將政治理念帶進科學，反而更加堅信科學與政治之間得有一條明確的界線。這點也常常被人說是太天真，但我相信科學的強項在於透過科學方法及嚴謹度保障大眾對研究成果的信心。

二〇一三年，授勳委員會詢問我是否願意基於自身對科學界的服務接受ＯＢＥ（大英帝國勳章，Order of the British Empire）。多數人應該想也不想便開心答應，但對我而言事情有點複雜。當時由於傑瑞．亞當斯（Gerry Adams）遭受媒體封殺，我前往英國廣播公司外進行抗議，結果認識了後來的結婚對象，不僅出身貝爾法斯特[4]，還是立場堅定的共和黨員。針對授勳一事我們進行了簡短討論，結論是我接受了也不必分手，但日後千萬別在他面前提起。有些人戲稱ＯＢＥ全名其實應該叫做"Other Buggers' Efforts"，功勞都靠別人得來，所以我認為這份榮銜要歸於科學媒體中心自始至今全體人員以及世界各地鮮少得到表揚的科學新聞團隊。同時我也清楚意識到榮耀與大英帝國無甚關聯，而是來自科學嘉獎委員會的讚許。

4　譯註：北愛爾蘭最大城市。此處意指北愛爾蘭與英國政府間的衝突。

*

本書絕大部分內容在二〇一九年短暫休假期間完成。原始計畫是二〇二〇年暑期推出，但基於本書主題是科學與媒體，與有史以來最重大科學新聞撞期的結果當然就是我延後——沒錯，這裡說的是新冠肺炎疫情。經過漫長勞累、時而心力交瘁的十八個月，回顧初稿我竟發現彷彿冥冥中自有安排，書中提到的重大文化變遷似是為此一役預做準備。過去種種科學爭議如氣候門[5]、基改食品或「斯他汀戰爭」[6]，好比新冠疫情前的暖身練習，民眾透過新聞媒體與科學家對話的需求來到巔峰。人命關天，無論疫苗、口罩、社交距離、校園安全等等諸多層面都得靠科學找出解答。過去許多人認為科學家本職僅僅在於實驗研究，應付媒體是上不了檯面的枝微末節，然而我們的理念透過疫情得到印證——與社會互動溝通也是成功科學家不可或缺的一環。

---

5 譯註：即前述的氣候研究小組電郵爭議，仿造「水門案」（Watergate）命名後成為「氣候門」（Climategate）。

6 譯註：斯他汀（statin）為降血脂藥物，專利到期後仍有巨大商機，但因藥品資訊不透明而導致有人質疑是否遭到處方濫用。

1 基改戰爭
科學家與「科學怪人食品」之間的角力

《衛報》前科學主編提姆．瑞佛（Tim Radford）對著滿場的優秀植物科學家說：一九九〇年代末期，媒體瘋狂報導基因改造作物帶來何種風險，這是一個值得慶幸的事件，因為「科學怪人的恐怖食品」這類標題不啻是天賜良機，民眾陷入恐慌但又全神貫注，正適合科學家好好解釋新的栽培技術有何不同。我人在現場，觀察臺下反應，科學家們百思不得其解，研究成果被當作恐怖科幻大肆報導不該是最糟的夢魘嗎？然而提姆．瑞佛並沒有說錯，即便初衷並非讓基改一詞惡名遠播，既然佔據了版面不如就順勢擁抱版面。可惜當年很少有人能從這個角度切入，科學界不願與媒體互動也對相關研究發展造成莫大傷害。

所謂基因改造食品，意指並非透過傳統配種手法改良其品種，而是藉由基因工程技術直接改變作物DNA。美國首次獲得許可的基改食品是一九九四年的「佳味」（Flavr Savr）番茄，生產方為卡爾京公司（Calgene），在英國則加工為番茄糊[1]進入超級市場。經過調整的

1　譯註：西式料理醬料，主成分為煮熟脫水的番茄，與番茄汁或作為蘸醬的番茄醬有所不同。

佳味番茄保鮮期長，從各項數據來看也獲得消費者喜愛。但一九九〇年代基因科技問世時引發運動團體如綠色和平及地球之友的猛烈抨擊，他們認為基改技術為人體健康和自然環境帶來風險，同時也是大企業徹底控制食物生產鏈的手段之一，只有例如農業巨頭孟山都（Monsanto）這種公司會成為最終得利者。

「基改食品『威脅地球』」、「基改技術是不是下一個沙利竇邁[2]？」之類新聞標題在當時屢見不鮮，出面支持基因改造的英國首相東尼．布萊爾（Tony Blair）也常被媒體加上死神或科學怪人形象。隨著報導愈演愈烈，民眾焦慮水漲船高。一九九八年三月，冰島超級市場供應鏈宣佈禁止所有基改食品，英國許多通路隨即跟進。一九九九年，查爾斯王子公開表態反對基改食品，《每日郵報》馬上下標「查爾斯：我對基改食品安全有所擔憂」。王子代表了社會上的一種聲音，這群人不樂見「天然」食物遭到干預，且反對科學家將「人類帶進本應只屬於上帝的領域」。根據阿拉斯泰爾．坎貝爾這段期間的日記內容，作為政治化妝師的他也曾向首相進言，認為別再擁護基改技術才是上策。

坎貝爾的日記提到他給了布萊爾另一項建議：該為基改技術辯護的並非政治人物，而是

2　譯註：中樞抑制藥物，曾作為抗妊娠嘔吐反應藥在歐洲和日本廣泛使用。但投入後不久，數據顯示使用該藥物的孕婦流產率和海豹肢症畸胎率上升，致使該藥物退出市場。

科學家。只可惜當時英國的植物科學家還奉行溫良恭儉讓，完全無力扮演好角色。那個年代多數科學家依舊害怕鎂光燈，媒體也將植物學者當作次一階的醫藥研究人員。這是史無前例且突如其來的任務，加上對手雖是非政府組織卻都熟悉媒體，多數基因改造研究人員完全不懂得如何正面過招。少數人挺身而出，多數避之唯恐不及的人，只能眼睜睜看著自己的研究領域一而再、再而三地遭到媒體扭曲撻伐。

與此同時，支持審慎運用基改技術的文獻卻逐步累積。二〇〇三年針對基改作物的《農地規模評估》、二〇〇四年環境排放諮詢委員會報告書、同樣二〇〇四年由英國政府首席科學顧問提出的重點報告都指向同樣結論，也就是基改技術本身安全，只要妥善運用並不會對環境造成負面危害。科學媒體中心面對的挑戰則是如何說服植物科學家，必須使他們明白單是做研究還不夠，必須走到幕前解釋研究內容。

我們第一次處理基改報導就觸了霉頭。結局是一份英國大報的編輯與我勢不兩立，而我也以為自己在科學界的歷險才開始幾個月就要黯然退場。

事情開始在二〇〇二年，當時劍橋大學植物生理學高級講師馬克．泰斯特（Mark Tester）博士正在研究抗乾旱基改作物，他應劇組之邀擔任科學顧問後與我聯繫。英國廣播公司即將上映一部電視劇名為《金色麥田》（*Fields of Gold*），劇本作者分別是當時的《衛報》編輯艾倫．拉斯布里吉（Alan Rusbridger）和劇作家羅南．貝內特（Ronan Bennett），故事講述演員安娜・弗芮（Anna Friel）飾演的年輕攝影師意外發現基改技術創造出超級害蟲，不僅害死老年人、威脅野生動物還會引發全球災情。泰斯特博士與多數我認識的植物科學家一樣，既有閱讀《衛報》的習慣也熱衷環保，得到提姆・瑞佛推薦成為劇組顧問時甚是開心。

但事情發展到後面變調了。泰斯特博士休長假回老家澳洲一趟，再回到英國才拿到劇組寄送的工作樣片，觀影感受五味雜陳。他認為劇組時而忽略其意見、時而曲解其發言以便支撐過度聳動的劇情主軸，擔心這部戲只會助長社會上非理性的反基改風潮。泰斯特博士嘗試聯絡劇組要求修正，然而對方卻表示已經進入製作後期無法更改內容，於是他很憂慮自己成為幫故事背書的工具。一開始我請他放輕鬆，畢竟只是戲劇，相信明智的觀眾都能分辨真假，然而博士堅持尋求管道指出本劇誇大不實，因此我便建議在大報，尤其不如就在《衛報》投稿，畢竟這部戲與《衛報》關係頗深。當時我的想法是：雖然《衛報》應該不樂見顧問與劇組劃清界線的做法，但至少會尊重博士個人的意願。所以我就寫了電子郵件給提姆・瑞佛，指出既然泰斯特博士想要暢所欲言，發表在《衛報》總比給其他報刊落井下石的機會要好。

這封郵件後來讓我吃足苦頭。

同時間其他地方也出現警訊。不少科學家與機構公關投入心力，希望英國媒體報導基因改造技術時資訊更加精確，但多年過去仍成效不彰。得知《金色麥田》這部戲之後，他們無法像我一開始那樣認為輕鬆看待就好。英國廣播公司聯絡了兩位重量級人物，分別是皇家學會（Royal Society）媒體小組負責人鮑勃．沃德（Bob Ward），以及位於諾里奇的世界級植物科學研究所約翰英尼斯中心（John Innes Centre）科學通訊主任雷伊．馬蒂亞斯（Ray Mathias）。電視臺表示節目方希望透過戲劇刺激社會大眾對基因改造進行更全面的討論，因此計劃每一集播畢之後都邀請科學家參與線上辯論。想法是很好，但也代表英國廣播公司確實不打算讓《金色麥田》停留在普通的週六夜間劇場，否則像《軍情五處》（*Spook*）怎麼不舉辦辯論呢？英國廣播公司內部工作人員對泰斯特博士說這部戲能「讓基改陰謀論者看清事實」，結果網站上的宣傳卻又說這部戲會「觸動最真實的恐懼，令大眾三思自己吃下了什麼」。即將播映之前，又有媒體引用編劇拉斯布里吉說法：「倘若這部戲成功，會有大批觀眾質疑幕後實情究竟是什麼。」就連演員群也開始相信這部戲具有教育意義，麥斯．比斯利（Max Beesley）在劇中飾演抵抗基改的勇敢農夫，他對《每日郵報》表示：「很多人可能因為這是電視劇而認為劇情聳動，但我覺得實際上很可能差不多。」

學界氣氛越來越緊繃，我在壓力之下也必須有所回應。當下仍想避免反應過激，但被動承受恐怕並非良策，畢竟科學家們期待科學媒體中心展現大膽積極的態度。於是我有了個主意：透過泰斯特博士可以取得樣片，不如邀請科學家參加試映會，並提前將他們的反應流入媒體？這也與我們希望科學家站到前線的目標一致。

買了爆米花以後，我們邀請十位傑出植物科學家及其背後的媒體發言人參與播映會。由於關注焦點僅限於推動劇情的科學理論，最主要是改造基因究竟能不能跨物種從農作轉移到動物和人類，所以我也拜託科學家將意見著重在科學合理性，避免批評演技或攝影等元素。但挨打了好幾年，這群科學家可謂火力全開——約翰英尼斯中心菲爾．穆里涅（Phil Mullineaux）教授形容「根本就是英國廣播公司版的《X檔案》，裡頭不是科學而是科幻」。許多學者感慨又一個深入討論複雜議題的機會被浪費掉了。

作為英國國家科學院皇家學會主席，同時也是前英國首席科學顧問，梅伊勳爵（Lord May）的炮火最為猛烈。他並沒有第一時間參加播映會，但當天稍後自己看完便毫不留情說：

> 荒誕不經、危言聳聽，實為科幻劇本卻聲稱是基改技術的真實剖析，著實令人蒙羞……以如此歇斯底里且不求甚解的態度處理重要而多面向的公眾議題，明顯缺乏敏感度，好比透過戲劇將所有尋求庇護的難民描繪為來自火星的殺人怪物。英國廣播公司若播放這部錯誤連篇、立場偏頗的劇集可謂捨棄了社會責任，本劇絕無可能推動大眾對議題進行更深入的探討。

《衛報》似乎無意刊載馬克・泰斯特博士的澄清文。與其他公關專家商議後，我們決定將意見投稿至《每日電訊報》和《泰晤士報》，因為當時合作的科學家社群認為這兩家大報對基改議題的立場較為客觀。想不到隔天成了震撼教育，不知艾倫・拉斯布里吉是否也感同身受——眼見兩大報將這事情掛上頭版，我明白自己捅到馬蜂窩，事情不再僅止於基改理論這麼單純了。同天稍晚，《每日電訊報》科學編輯羅傑・海菲爾德（Roger Highfield）打電話來想要更多資料。我還聽說他們有位保守派、「統一主義者」編輯查爾斯・摩爾（Charles Moore）對《金色麥田》的窘境感到樂不可支，因為劇本協作者羅南・貝內特是前愛爾蘭共和黨員，曾因為槍擊貝爾法斯特的警員而遭到起訴並短暫入獄。我向海菲爾德表示科學媒體中心沒有進一步消息能提供，我們以及合作的科學家都不打算因此事與《衛報》反目。那天我不大敢接電話，一方面《泰晤士報》和《每日電訊報》想要挖到更多獨家，另一方面其餘媒體嚷嚷著我為什麼沒把新聞發給他們。反而科學家陣營士氣大振，例如原本對科學媒體中心抱持懷疑態度的梅伊動爵竟然特地發文祝賀，表示如今他看出我們的存在價值了。

就算我從那天獲得什麼成就感也沒能維持太久，因為艾倫・拉斯布里吉上了《新聞之夜》[3]，公開控訴科學媒體中心是擁護生物科技、視《衛報》為眼中釘的惡質「遊說團

[20]

3 譯註：英國廣播公司第二臺的老字號新聞節目。

體」。他提起我寄給提姆・瑞佛的郵件，認為可以證明科學媒體中心一開始就想打擊異己、藉由流傳負面劇評來貶低英國廣播公司和《衛報》。到了隔週，《衛報》的姐妹報《觀察家報》（*Observer*）又刊出羅南・貝內特對學界反應做出的回擊。以「講述基改的戲劇遭有心人士混淆視聽」為標題，他指稱幕後黑手就是科學媒體中心這個「遊說組織」，無視我們贊助名單上無關的單位眾多，僅針對特定幾間企業大做文章：「科學媒體中心的資金來源包括DuPont（杜邦）、Merlin Biosciences、Pfizer（輝瑞）、PowderJect和Smith & Nephew（施樂輝），不是生技就是製藥公司。本劇探討的主題之於他們就是利潤，想要推廣技術是理所當然。」貝內特還主張科學界對基因改造技術的意見本來就存在嚴重分歧，甚至聲稱馬克・泰斯特已經轉變立場，但泰斯特博士又駁斥了他的說法。

翌日我聯繫當時《獨立報》科學主編史提夫・康諾（Steve Connor），告知我所知道的詳情與經過，確保事件持續受到公領域檢視。其實狀況十分不妙，科學媒體中心四月才開張，五月就出這種事，我耳邊迴蕩起阿拉斯泰爾・坎貝爾的警句：媒體事務官自己成為焦點的話就是搞砸了。

到了六月，拉斯布里吉進一步寫了三頁長的信件寄給我的僱主，也就是英國科學研究重鎮皇家研究院。他質疑我的角色與我是否適任：

相信各位應該知道福克斯小姐是《生活馬克思主義》（*Living Marxism*）的撰稿人之一……這是衍生自革命共產黨的社會運動及雜誌。她妹妹克萊兒（Claire）至今仍是該團體的領導核心，身居要職，然而該團體讚揚愛爾蘭共和軍與薩達姆・海珊、捍衛種族主義者權益並否認大屠殺、甚至將環保主義者比擬為納粹……我很好奇她是否曾對董事會揭露這些訊息。

皇家研究院將這封信轉交給科學媒體中心董事會處理，後續幾週我戰戰兢兢，無法預測董事會將作何反應。拉斯布里吉認為我針對《金色麥田》的處理方式暗藏惡質政治動機，這是一套能夠自圓其說的假設，而且他應該發自內心相信我是那種人。不過事實並非如此，幾個星期裡發生的一切與過去我參與過極端左派毫無關聯，所有決定都與科學媒體中心的同僚、科學家以及頂尖研究機構的媒體事務官商議過。之後在董事會上，我表示若需要討論，自己可以先離席。但董事會並不覺得有此必要，審查所有資料以後他們認為拉斯布里吉的反應就是典型的遷怒，結論是我的職位不受影響。

但我自己心裡犯了嘀咕，懷疑這次處理方式是否過度靠攏昔日經驗，類似我任職於英國天主教海外發展處時的風格。在海外援助機構工作必須非常積極爭取媒體對發展中國家議題的關注，於是也就鍛鍊出一身媒體營銷與公關技術。回顧事件經過，我意識到自己發新聞時

[22]

或許不應該僅鎖定兩家大報，這是導致拉斯布里吉懷疑我別有居心的癥結點。這些顧慮也在內部發酵，大家好好討論了科學媒體中心究竟處於何種定位：是科學界的綠色和平，還是在貼近主流學術的道路上審慎前行？結論是未來行事應當更加小心。

但到頭來，類似事件沒再發生過，所以也很難猜想今時今日我們會如何處理。可能做法是等到節目真正播映再請科學家過目，然後同時在所有管道發佈學者的觀影心得。值得一提的是：當時各研究單位的新聞辦公室其實對事件結果頗為滿意，觀眾一方面欣賞到具娛樂效果的週末劇場，另一方面卻也從英國最傑出的植物科學家得到正確資訊，明白該劇劇情已經偏離科學事實進入了科幻範疇。

還有另外一點是：《金色麥田》播出時，部分科學家認為《衛報》的立場是反基改。剛好一年後，二〇〇三年四月，我受邀參加《衛報》新科學副刊〈生命〉的發佈會，撰稿人包括伊恩・桑波（Ian Sample）、詹姆士・朗德森（James Randerson）、亞洛克・賈哈（Alok Jha）以及大衛・亞當（David Adam）。他們都是十分優秀的科學記者，曾在《新科學人》或《自然新聞》等專刊上歷練過。〈生命〉副刊結束後他們仍在《衛報》工作，而《衛報》的科學版面也有聲有色。儘管《金色麥田》事件過程中雙方都有鼻青臉腫的感覺，但就結果而言大家都得到成長。

一波未平一波又起，下一次重要的基改新聞事件馬上就到，所幸這次科學媒體中心執行的是自己擅長的任務：協助科學家在爭議性試驗的重大科學發現上取得最佳的媒體報導效果。事情開始於二〇〇二年夏天，克里斯・波洛克教授（Professor Chris Pollock）邀我開會討論《農地規模評估》的研究成果。這是為期五年的田野試驗，旨在觀察基因改造對生物多樣性是否造成負面影響。

試驗早在一九九八年已經展開。當時有三種作物（甜菜、春油菜和玉米）透過基改技術提升了對除草劑的承受力（GMHT，以下簡稱耐除草劑作物），而且即將進入英國的商業農業領域。政府針對基因穩定性和基因流動問題設有好幾道風險評估，它們幾乎都通過了，但仍有人擔心會影響環境。政府的顧問機構英國自然署（English Nature）也提出警訊：許多農地野生動植物原本就脆弱，耐除草劑作物作物一旦商業化或許就會雪上加霜。數項生態學研究指出一九五〇年代起農地野生動植物數量下降最主要原因就是農業集約化，耐除草劑作物進入商業用途等同推廣更激烈的雜草控制手段，大量使用除草劑可能導致無脊椎動物和鳥類數量下降，進一步衝擊農地的野生生態。

基於這些顧慮，時任環境國務部長的國會議員麥可・米徹（Michael Meacher）在一九九八年十月宣佈「農地規模評估」試驗。試驗重點並非基因流動或食品安全，因為這兩方面已經評估完成，結論是對人體健康和環境造成的風險足夠低，可以允許商業化。《農地規模評估》切入角度在於人類對基改作物和標準作物的管理方式有差異，尚不確定是否因此會對野生動植物產生可觀察到的重大影響。

波洛克教授是基因改造領域的領軍人物，不僅在亞伯里斯特威斯市（Aberystwyth）赫赫有名的草地與環境研究所（Institute of Grassland and Environmental Research）擔任所長，也獲任命為農地規模評估籌畫小組主席。自科學媒體中心創立之初我就與他保持聯繫，波洛克教授性格耿直，在《金色麥田》事件中就早就表達看法，且對我們的處理方式持保留態度。此外他熱切希望科學媒體中心能更專注於協助植物科學家、提升基改相關報導的整體品質。我非常重視波洛克教授的意見，欣然接受他在二〇〇二年夏天提出的會面邀約。

還沒喝上一口茶，波洛克教授開始表達自己對DEFRA（環境、食品暨鄉村事務部）[4]的不滿，直言道：「除非我死了，否則DEFRA的新聞辦公室想碰這條新聞是門兒也沒有。」他希望交由科學媒體中心負責《農地規模評估》試驗結果的公告和新聞簡報，並協助相關科學家準備好在媒體前面發言。這番話讓我耳朵豎起來了。接著教授解釋緣由：他認為DEFRA的媒體處理手法很拙劣、米徹議員進行了政治干預，加上許多大報的立場是反基改，導致這項實驗根本沒有平衡且準確的報導能夠呈現在公眾眼前。他深感痛心，所以有個小小請求：希望數百位辛苦參與試驗的生態學家在結果發表時能有個出聲的機會。我決定接下這項任

4 譯註：Department for Environment, Food & Rural Affairs。

務。

波洛克教授不僅是傑出的研究人員，還體現了我所熱愛的科學哲學，尤其是科學需要抗拒政治化並努力追求公正的信念。他解釋為何不希望《農地規模評估》試驗資訊在傳達中受到政治的干預或扭曲時說了一句話：「如果不公開，就不是科學。」這句話對科學媒體中心的做事方法產生深遠影響。

試驗結果預計二〇〇三年發表於《皇家學會報告》（*Proceedings of the Royal Society*）。我對發表前幾個月的準備過程十分感興趣，於是找一個試驗場地待了整天，意外發現試驗技術性比想像來得低。如何測試基因改造作物是否破壞生物多樣性？方法非常直接，就是收集、識別並統計基改農地內的昆蟲數量，然後與傳統田地的數據進行比較。還有一點很有趣：有時候連生態學家也認不出白色塑膠杯裡到底關著什麼昆蟲，還得查閱一本厚重的野地昆蟲圖鑑來確認品種。

隨著發表日期臨近，氣氛越來越緊繃。「基因改造之戰」的雙方都對試驗結果寄予厚望，期盼數據能為這項爭議新技術點亮綠燈，或者敲響喪鐘。反觀研究作者群早就心裡有數：科學結果往往不是非黑即白。三種作物之中有兩種（甜菜和春油菜）是傳統田地的生物多樣性水準高於基改田地，可是第三種作物（玉米）的情況相反，基改田地的生物多樣性水準比傳統田地來得高。此外，造成生物多樣性差距的變因中，作物差異的影響明顯大於基改與否，這也進一步提升了分析的複雜程度。

若以公平審慎的方式報導，試驗結果既不代表綠燈也不意味著喪鐘，然而媒體最不喜歡的也就是這份複雜和細緻。我的工作是幫助科學家以清晰好理解的方式呈現研究結果，並預測媒體的主要提問內容。許多機構公關認為只呈現「關鍵訊息」和「協商過後的說辭」就好，但我一向不支持對新聞發佈會進行太嚴密的管控。科學媒體中心傾向鼓勵作者專注於科學本身，並力求最大程度的公開透明。準備記者會時，第一要務是確保科學家不誇大其發現，並盡可能追求報導內容平衡精準。我也為科學家做好心理建設：一方面可能遭遇反基改運動人士鬧場，另一方面部分記者可能直接拿運動人士的意見寫成一篇專題報導。再者，倘若數據明確對基因改造技術不利，反基改人士會掉頭讚揚科學家，反觀模糊的結論則容易招致大量批評。另一種極端現象同樣值得警惕，那就是基改支持人士也可能扭曲試驗結果，將其詮釋為有利推廣技術的說法。科學媒體中心的目標是促使報導反映出科學研究的細微處，並準確呈現試驗的真實情況。

研究結果的發佈受到限時禁發令（embargo）。這是一種歷史悠久的「紳士協議」，雖然記者可以在正式發佈的前一到兩天看到研究結論，但不能提早進行報導。限時禁發對科學界和媒體雙方都有益，首先全球媒體在同一時間發佈同一篇報導可以顯著提升曝光度和影響力，而且記者有時間查核事實、安排拍攝和採訪、與作者交流、請教第三方專家等等。

然而，這次《衛報》在限時禁發令解除前幾天就將關鍵發現登上頭版。我們聯繫對方，要求撤下報導，但《衛報》聲稱他們收到一份洩露的論文副本，因此並沒有違反限時禁發令。我不同意這一說法。所有科學和環境記者都知道這篇研究會在指定的刊物上發表、在安排好的新聞發佈會上公開。我們和記者針對限時禁發令的界線常常意見分歧，這不是第一次也不會是最後一次，但對我個人想在科學和媒體之間建立的標準卻是頭一次考驗：不能因為有媒體違反限時禁發令就直接解除，否則等於犧牲掉整個媒體策略，也白費了準備新聞發佈會的好幾個月心血。儘管其他記者在電話裡對我大吼大叫要求解除限時禁發令，我還是說服科學家和期刊堅守立場，並且發佈聲明表示洩露的版本只是內容不準確的初稿，重申新聞發佈會將按計畫進行。

發佈會前一天，科學家們來到科學媒體中心參加預演。我們決定準備一些酒，模擬簡報結束時有幾個人已經微醺。翌日清晨，我探頭走進皇家研究院裝潢典雅且歷史悠久的圖書館，結果看到一屋子熟悉面孔——這次記者會的位置大多保留給科學和環境記者，因為他們報導基因改造議題時通常比政治和消費記者更負責且準確。這是科學媒體中心的標準政策，旨在確保科學家能夠直接向媒體展示研究成果並回答提問，不至於被其他利益相關者轉移注意力、也避免有人上臺發表長篇大論或提出繁瑣問題，而媒體若覺得有必要自然會在記者會後尋求第三方意見。但就在此時，前臺傳來消息：麥可・米徹（Michael Meacher）居然親自到訪，還直接繞過了門口的接待人員。

雖說《農地規模評估》試驗就是米徹本人發起，但學界始終不信任他。科學家認為以他的立場應該恪守中立，然而米徹卻公開反對基因改造作物。此外也有人懷疑他將有關研究的機密細節洩漏給綠色和平組織和土壤協會（Soil Association）。距離新聞發佈會開始僅剩幾分鐘，我希望能在正式開始之前而非當著媒體的面將燙手山芋處理掉，於是我連忙找到米徹本人，深呼吸後請他離開。儘管他非常不悅但還是讓步，我大大鬆了口氣，因為心裡其實沒有備用方案。親自陪他走下皇家研究院標誌性的樓梯並送入街頭，我隨後才意識到有幾個攝影團隊正在拍攝。所幸將米徹從新聞發佈會中請走不至於損害到我在科學界的名聲。

新聞發佈會進行得非常順利。記者們提出的問題有深度，聆聽回答時也十分認真。科學家的期待莫過於此——他們只希望能好好解釋科學、記者也願意根據他們所說的進行報導。一如預期，隔天有部分頭條延續《衛報》立場對研究內容作出批評，然而頭條底下的文章卻多了幾分層次，並且引用了記者會裡的雙方言論與事實資訊。

儘管《農地規模評估》的媒體工作算是成功，社會各界對於基因改造技術還要持續辯論好幾年。從事新聞相關工作的一個麻煩就是很難從中抽離。二〇〇八年夏天，我和年幼的兒子本來在法國海灘上堆沙堡，卻突然發現旁邊的男士正在閱讀《每日電訊報》，頭版上有張大圖是查爾斯王子，標題就是「查爾斯王子警告：地球面臨基改災難」。在這篇記者傑夫・

蘭德爾（Jeff Randall）的獨家專訪中，王子將各種天災和全球暖化歸咎於基因改造。我忍不住抖掉沙子趕快打電話回辦公室，當時同事們已經個個都情緒高漲——很氣憤，同時卻又很興奮，每次爭議新聞爆發時大家都是這麼矛盾。

一部分著名植物科學家和公關室樂意對查爾斯王子的批判表達看法，但也很多人擔心挑戰未來的國王不是明智之舉。科學媒體中心時常面對這種情況：那天早上，我們的工作就是鼓勵科學家勇於發聲，並說服科學機構的公關室不要為了規避風險就施加太多束縛。我們不對科學家該如何回應王子的言論採取特定立場，但堅信表達意見有其必要。時值八月「無聊季節」[5]，議會休假、嚴肅的政策報導少之又少，這樣一條新聞相形重要也引起大眾關注，然而我們在事件結果中發現令人欣喜的變化。幾年前科學媒體中心剛成立，當時接觸的許多科學家坦誠自己在過去的科學爭議中選擇低調，避免與媒體接觸。而如今，他們竟然公開挑戰查爾斯王子對基改作物的言論並指出其錯誤偏頗，於是短短二十四小時內頭條新聞的風向徹底轉變。《每日電訊報》報導：「查爾斯王子遭科學家指責濫用其權位攻擊基因改造食品。」《衛報》則寫道：「科學家譴責查爾斯王子對基因改造作物的抨擊。」通過倡導新的處事模式，我們逐漸改變公眾所見所聞的內容。

5　譯註：英國在此時節缺乏重大新聞，媒體報導偏向瑣事，故得名。

科學媒體中心的角色並不僅限於協助科學家，我們也幫助記者解釋關於基因改造的新發現。二〇一二年九月，ＩＴＶ[6]科學與醫學編輯勞倫斯．麥金遜（Lawrence McGinty）與我聯繫，這通電話預兆了基因改造議題即將揭開爆炸性的新篇章。早在一九九八年，一位名叫阿帕德．普茲泰（Árpád Pusztai）的科學家在《轉動的世界》（*World in Action*）[7]某一集接受長時間訪談，聲稱被餵食基因改造馬鈴薯的老鼠出現生長遲緩與免疫系統問題。這些說法隨後發表在《刺胳針》（*Lancet*）期刊，並在接下來基改熱潮高峰期的十二個月期間內廣泛傳播，而且科學界幾乎沒有人提出質疑。運動人士原本就一直宣稱基因改造食品會損害人體健康，這次學界的「默認」算是無意間走錯了一大步。後來英國皇家學會宣佈成立特別調查委員會，於一九九九年六月發佈報告，幾乎過了一整年才回應普斯泰的說法。調查結果講得清楚明白：「普斯泰和羅威特研究所（Rowett Institute）進行的基因改造研究存在重大設計缺陷，並無令人信服的證據支持基因改造馬鈴薯對健康有不良影響。」換言之，即使基改食品真的對人類有害，也絕對不能以這項研究當作理論依據。皇家學會的報告強而有力，問題是遲了整整十二個月，漫長時間差顯示當時科學界無法應對基因改造這類爭議性話題。科學

6 譯註：英國的免費電視臺。
7 譯註：ＩＴＶ的時事調查節目，製作方式大膽也獲得許多獎項。

需要嚴謹性和權威性，但也必須即時。

這絕非孤立事件。媒體科學報導常見的錯誤就是在小規模、初步性、一次性研究之中尋找百分之百的答案，或者抓住證據力不足的研究結果誇大其詞，進而鼓吹大眾行為與政府政策作出改變。如果每個新聞報導譽為「重大突破」的阿茲海默症或癌症研究都真的有所突破，這些疾病應該早就有解藥了才對，顯然事實並非如此。科學媒體中心很早就察覺到發表於學術期刊的新研究是媒體錯誤報導的好發區。為解決這個問題，我們與所有主要科學期刊的公關室進行交涉，希望能夠提前看到他們每週預訂發佈的稿件內容，以便我們收集第三方科學家評論、幫助記者撰寫報導時將新發現置於正確脈絡，並適時提醒任何研究方法都有其缺陷及限制。

然而勞倫斯·麥金遜卻在電話中表示他手上有一份我們完全不知情的保密研究，這實在令人訝異。麥金遜進一步解釋：研究作者是法國科學家吉勒－埃里克·塞拉利尼（Gilles-Éric Séralini）教授，結論顯示被餵食基因改造食品的老鼠在為期兩年的試驗中罹患癌症。研究本身就極具爆炸性了，如果由麥金遜這樣的人物報導出來衝擊會更大，因為他從《新科學人》雜誌轉到ＩＴＮ（獨立電視新聞臺），以全國電視新聞記者而言這種資歷十分罕見，此外得不到他點頭的科學報導全都別想出現在ＩＴＮ新聞上。難道基因改造食品能夠致命的證據終於出現了？雖然科學媒體中心通常都在引導記者瞭解基因改造、ＭＭＲ疫苗和氣候變遷的科學共識，但若有推翻共識的高品質新研究我們也隨時準備好大肆宣傳。這很令人興奮，無論事件如何發展我們都必須積極參與。

不過接下來事情變得很古怪。麥金遜說發送研究文稿的是公關公司，還要求他簽署保密協議，內容禁止他將完整論文分享給科學媒體中心或任何第三方科學家。我忍不住向同事們大吐苦水：坦蕩的科學家會阻止記者針對新研究發現向第三方尋求評論？覺得其中必然有詐的我趕忙聯絡其他記者，發現許多人都收到這篇論文並簽署了保密協議，於是即便他們想知道研究內容是否可靠卻也無法提供資料。這時的我們極度彷徨，全球各大媒體準備報導基因改造食品會致癌，但科學媒體中心不得其門而入，沒能提供任何科學審查，挫敗感實在太巨大。

就在我氣得快要飆罵時卻又收到新消息：法國時事雜誌《觀察家》（*L'Observateur*）在限時禁發令解除前直接報導了這則新聞，代表該刊物記者可以在不違反保密協議前提下把論文寄過來，而我們能夠搶在倫敦記者會之前幾個小時內從科學家取得評論意見。為了加速流程，羅桑斯提德研究所（Rothamsted Research）所長莫里斯．莫洛尼（Maurice Moloney）教授事先召集好所內一群學者，大家一拿到論文便開始細讀。隨著倫敦記者會時間逼近，我太急著想拿到同儕評論，於是連續打了五通電話過去。所長最後接起電話，用他可愛的愛爾蘭口音大喊：「妳別一直打電話來催，我們才能好好讀完論文給出回覆呀！」一陣沉默。接著他笑了，我也笑了。他說得很對。

經過一段等待的煎熬，評論終於陸續送達。我們特意聯繫了植物科學以外的專家，力求對這項研究進行全面性審查。來自不同大學和研究機構的意見湧入，領域橫跨毒理學、統計學、動物研究、食品科學和生理學。事前沒經過商議，但回應卻有個共同點——大家一致認為這項研究並不可靠。他們各自指出塞拉利尼的實驗規模太小導致無法得出確切結論、使用了錯誤的統計檢測方法，而且選擇的鼠種易患腫瘤導致結果偏差、對照組動物也同樣出現腫瘤。此外，他的實驗持續時間遠超過供應商和毒理學家建議，可能涉及損害動物福祉的問題。我們將這些評論發送給記者，然後等待回應。

第一個回應來自勞倫斯·麥金遜本人，當時他已經告訴底下編輯說這事情根本不值得報導，然後躲去ＩＴＮ對面的酒吧享用一大杯夏多內葡萄酒。其他媒體雖然報導了，但標題多為「法國基改飼養老鼠研究引發騷動」（英國廣播公司）、「專家批評基改作物研究」（英國新聞協會）和「孟山都基改玉米研究引發質疑」（路透社）。或許將來某一天真的會有研究證明基因改造食品有害，但非凡的主張需要非凡的證據，這項研究並不具備那麼高的證據力。對我們而言，重點在於如何讓社會大眾當天就知道真相，而不是等到十二個月以後才做出回應。

同年稍晚，我受邀在法國國會發表演講，介紹科學媒體中心在塞拉利尼事件中扮演何種角色。與英國不同，法國媒體大篇幅報導該研究，卻幾乎沒有來自獨立科學家的第三方評論，法國政府也在群情激憤下被迫宣佈重新檢視基改食品相關政策。不難想像，法國科技部長對於英國輿情為何截然不同產生濃厚興趣，感覺變相地承認了科學媒體中心的價值。

英國國內有關基因改造作物的媒體報導和討論基調已經大幅改變，這是我們樂見的結果。即使大眾對於基改食品的興趣仍舊不高，至少已經不像一九九〇年代末期那般充滿敵意，而且報導內容普遍而言更加負責。科學媒體中心剛成立時，基因改造議題的撰稿人常常並非科學記者而是消費或政治記者，關注重點在於其中的爭議而不是科學研究。如今大部分報導出自科學記者之手，聚焦於基因改造的具體新應用，其中有些研究已經可以劃分進「公共財」的範疇，例如以植物生產魚油、為發展中國家開發富含維生素的米等等。若將目光放更遠，許多植物科學家對基因改造技術感興趣是為了減少集約和粗放農業對環境的影響。以吉爾斯．奧德羅伊德（Giles Oldroyd）教授為例，他身為劍橋大學作物科學中心主任，致力研究如何利用基改技術培育能自行產生氮肥的農作物，這可謂是植物科學的終極目標。談到研究工作時，他會刻意採取「有機基改」這一說法，為的是向反基改人士傳達一個訊息：其實雙方理念相同，都想提升農業永續性，所以不如就接受基因改造作為實現目標的手段。

[35]

經歷二十年，我們從「基改之戰」學到什麼教訓？面對爭議時專家若是退縮，科學和社會都要付出巨大代價。若科學家態度更積極，媒體敘事並非不可能改變，只是有時候得做好長期抗戰的心理準備。

[36]

2 絕口不提

公開動物研究的漫長道路

二〇〇二年，我來到尤斯頓路上惠康基金會（Wellcome Trust）閃閃發亮的玻璃辦公室。這是我初次參加有關動物研究的會議，然而在前臺解釋此行目的時，接待員表情驚恐，伸出手指抵著嘴唇，然後壓低聲音輕輕交代：「別在這兒提起A開頭那個字喔。」[1]

我一而再再而三遇上類似情境。回顧那年有關動物研究的頭條新聞，媒體版面多半由動物權利抗議者主導。他們意圖終止所有動物實驗，十分擅長獲取關注，有時不惜違法或使用暴力與恫嚇的手段來達成目的，卻又常常能得到非科學記者以饒富同情心的筆觸加以報導。反對動物研究的抗議活動有數十年歷史，暴力行為在一九八〇年代末達到巔峰，當時流行以各式土製炸彈襲擊機構和個人。十年過去，警察和保全強化了彼此合作，但暴力抗議並未中斷，氣氛就像貓捉老鼠。

時至今日局面已經大不相同。動物研究不再是科學界的骯髒小祕密，反倒進行得更加公

1 譯註：即動物實驗中的「動物」（animal）。

開透明。這導致動物權利運動人士的一項主要指控失去立足點：科學家並未因為涉及虐待動物而隱瞞動物研究。

只要一個國家有許多人喜愛動物，動物研究議題特別具有爭議性是必然結果。而且不可諱言，動物權利組織確實成功揭露過一些真實的（也有許多虛構的）動物福利違反事件。將實際情況公之於眾有助於促成制度改善，難題在於雙方討論時立場並不對等：很多人打從內心不希望拿動物做實驗，偏偏動物研究其實是公衛進步不可或缺的一環，新冠疫苗與各種治療藥物只是相對近期的例子。世紀之交時，科學界主動排斥談及動物研究，就更不可能提供民眾正確資訊作為辯論基礎。解決之道終究是要迎向光明。

科學開放性原本就是一項重要準則，所以我全盤支持。為了追求開放性，有時我們幫助科學家堅定捍衛動物研究在生物科學的關鍵地位，一方面對抗輿論批評，另一方面也向公眾解釋背後邏輯。然而開放性不代表一味辯護，媒體對議題進行深度探討可以重新檢視動物研究是否正當，記者得以審視研究過程，從事動物研究的科學家也有機會披露不當行徑，又或者暢所欲言提出改革方向。後來得知政府委託派崔克．貝特森（Patrick Bateson）爵士教授調查關靈長類的動物研究，我抓緊機會遊說他透過科學媒體中心發佈報告。結果顯示一九九七年至二〇〇七年期間，百分之九十一的非人類靈長類動物研究不但品質夠高，設計也符合學理。記者十分厲害，這回也能從不同角度切入分析，報導重點放在剩下百分之九的研究也代表驚人數量的猴子：第四頻道[2]新聞下標為「高達一成的猿猴實驗不正當」，英國廣播公司則說「貝特森報告：猴子研究尚有改進空間」。然而我很樂見媒體採取監督立場，尤其他們不忘提及調查結論中的全面性建議。貝特森教授針對如何提高實驗合格率給出很多意見，其中包括由獨立機構「英國國家研究用動物替代、改良和減少中心」執行一套靈長類動物實驗的審查系統。

開放性之所以重要還有一個很好的理由：透明度決定了媒體報導的筆觸能否合情合理。面對違法和暴力的抗議手段，想要隱瞞研究內容並非不可理解，然而將爭議爭論掩蓋起來沒有好處，只會成為更多誤會和質疑的火種。科學媒體中心的工作從以前到現在都不是為動物研究進行遊說，我們的使命是確保公眾取得準確且基於證據的資訊時不受阻礙。

我丈夫在高中當政治和社會學教師超過二十年，每次他在新班級第一堂課都鼓勵大家透過辯論爭議性話題培養批判性思維技能。針對動物實驗議題，他常常驚訝於許多學生起初會反對，但實際接觸論述以後卻又改變立場。民意調查證實了這點：大多數人出於本能，無法接受讓動物承受疼痛和不適的做法，可是一旦瞭解動物實驗在藥物研發與測試中的意義就有可能改觀，因為終極目標是減輕人類和動物雙方的痛苦，並研究現代世界對野生動物族群造

2　譯註：英國另一個免費的公共電視頻道，與英國廣播公司不同之處在於完全靠廣告營運。

成什麼影響。

只要動物實驗還存在，討論與辯論就必然會持續，然而答案並非黑白二元。生物科學家基本上支持必要時在研究中使用動物，但學界內部針對實務如何進行有著大量探討，同時也投入大量心血來替代、減少和改進動物使用（replacing, reducing and refining，即所謂「3R原則」）。話雖如此，不可否認的是現代社會主要的醫療手段如抗生素、胰島素、抗癌藥物、心臟手術和器官移植都涉及動物試驗。我記得二〇〇〇年代末某一場科學媒體中心記者會上，科學家報告了一年內靈長類動物實驗數量有小幅度增加，並對在場記者解釋了為什麼會增加：原因出在「生物製劑」賀癌平（Herceptin）[3]的審核過程。許多報紙前一年都將賀癌平譽為癌症救星，呼籲當局應盡快批准，顯而易見這是在風險與利益間取得平衡的經典案例：一方是靈長類動物實驗，另一方是數百萬癌症患者的新希望，兩者必須權衡輕重。動物實驗許多不同面向都曾遭受過合理批評，但動物權利極端分子的激進手段不但無濟於事，反而阻礙了原本應有的公開批判性辯論。我二〇〇一年剛進入科學媒體中心，當時尚未完全理解科學家們被嚇阻到什麼程度，後來才震驚發現大多數大學和研究機構的官方政策是對動物實驗保持低調，即使研究中運用了動物模型也會在新聞稿中刪除相關訊息。大學網站對動物

3 譯註：治療乳癌的標靶藥物，可大幅提高患者生存率。

實驗避而不談，個別機構不敢公開使用的動物數量。若某間大學成立動物實驗室，可以肯定會被設置在一棟不起眼、沒標示的建築物內。這種集體沉默對於科學媒體中心構成一非常重大的挑戰，因為我們的使命是幫助科學家站上爭議話題的中央舞臺。

在我認識少數逆流而行、願意公開談論動物實驗情況的科學家以後，保密政策這種主流文化就顯得更加難堪。其中最著名一位是科林．布萊克默（Colin Blakemore）教授，他作為牛津大學知名神經科學家，在視覺障礙研究中用到了貓，於是本人和家人一起成為動物權利抗議者的攻擊目標。針對布雷克默的襲擊不僅暴力恐怖，還持續多年。後來他的女兒莎拉－珍．布萊克默（Sarah-Jayne Blakemore）也成為頂尖科學家並進入大學任教，曾經撰寫一本關於青少年的獲獎著作，其中提到了抗議運動對她們家庭生活造成何種影響，描述十分令人動容：

> 動物權利激進分子威脅要綁架我和我兩個年幼妹妹，而我們最小的六歲，大的也不過十一，所以我們每天上下學都需要便衣警察開著無標誌車輛跟隨……即使家裡人想自己開車出門，父母也必須先用炸彈探測鏡檢查車底。坐進一輛發動後就可能會爆炸的車？這種經歷我並不喜歡。

儘管家人遭到恐嚇令布雷克默教授極為憤慨，他依舊自發選擇繼續對著媒體和社會討論動物實驗。在「捍衛研究協會」（Research Defence Society）支持下（該協會由科學家於一九〇八年成立，旨在為動物實驗進行公眾辯護並反擊錯誤資訊），他經常現身在電視和廣播與反對者辯論相關議題。他並不孤單，但同伴少之又少，其他還包括倫敦國王學院的克萊夫．佩吉（Clive Page）教授、曼徹斯特大學的南希．羅斯威爾（Nancy Rothwell）教授、牛津大學的提普．阿齊茲（Tipu Aziz）教授、倫敦大學學院的羅傑．勒蒙（Roger Lemon）教授以及布里斯托大學的麥克斯．赫德利（Max Headley）教授。這些科學家得不到所屬大學支援，好些的鼓勵他們保持低調，糟一點的直接棄之不顧，任由他們單打獨鬥。

雖然追根究柢要歸咎於使用暴力與威脅手段的動物權利極端分子，但科學界沒能為自己合理正確的研究方式挺身而出是一種集體失敗，令人十分痛心。還有更重要的一點：學界保持沉默代表公眾只能聽見關於動物實驗的片面敘述。只要在市區從動物權利運動人士手中接過傳單，應該都會發現圖片幾乎只有貓、狗、猴子，但很多人不知道的是早自一八七六年起這些動物就已經受到特別保護，大多數情況禁止使用，因此牠們參與的實驗在這麼多年之中始終少於總數的百分之一。而且傳單上面的照片不是數十年歷史就是來自海外（或來自數十年前的海外），描述的實驗手法和條件好幾十年前就已經不可能通過英國的倫理規範審查。

擴大動物實驗資訊透明度完全呼應到科學媒體中心的核心使命，然而當我試圖聯繫有關單位的公關團隊卻發現這種立場會導致雙方水火不容。有些媒體發言人在其他議題上不遺餘力推動科學家參與新聞，但一遇到動物實驗就會改弦易轍，認為鼓勵科學家討論會導致整個機構陷入被攻擊的危險中。即使少數科學家與發言人追求更加公開透明的環境，往往敵不過主張謹慎為上的資深高層以人海戰術打回票。不過我認為情勢隨著時間流逝愈發明顯：禁止討論動物實驗的政策只是自我挫敗，等於科學界主動幫著動物權利運動人士達成目標。如果自己都不敢提起動物的使用情況，科學家及所屬機構讓抗議者更容易為相關實驗貼上標籤——這麼想保密，一定是因為羞於見人。

此外，我並不認為特定科學家或機構是因為公開動物實驗才受到動物權利極端分子的攻擊，甚至恰好相反。劍橋大學、牛津大學和亨廷頓生命科學（Huntingdon Life Sciences）等機構明明保持低調數十年，卻仍舊淪為攻擊目標。激進分子很可能以其他方式挑選攻擊目標，而且警方專門監控動物權利極端主義的特別小組證實了這個推測：他們在極端分子住所中找到科學論文，涉及動物使用的部分會被特別標註起來。對他們而言，鎖定在研究中使用了動物的科學家並非難事。

「妳當然無所謂囉，費歐娜。車底下會被放炸彈的人不是妳啊。」許多人對我這樣說過，主要是各大學和研究機構裡行事謹慎的公關高層。這似乎是一道無法跨越的鴻溝，而我並非無法體諒。儘管真正的暴力襲擊很罕見，但生命威脅的恐懼太過實際，我對此深感同情。理所當然，沒有任何一位校長或新聞祕書希望自己的大學成為極端分子的下個目標，然而我堅信經典的「人多力量大」在這裡也能奏效：如果英國所有依賴動物實驗的研究人員都能夠開誠布公，人數將遠遠超過極少數的動物權利極端分子，而對方資源不足，最多也就是鎖定一兩所機構。一旦大家公開討論，承認動物實驗是標準做法，極端分子針對特定科學家的動機也會大幅下降。

與科學界許多人意見相左時氣氛並不舒服。科學媒體中心成立初期，我努力試圖理解大家為何對動物實驗保持低調。但職責所在，我必須考慮集體沉默對公眾態度造成何種影響。若能扭轉局勢，也就證明我們可以在激烈的科學爭議上經營出不同的媒體關係，對科學媒體中心而言是一次真正的考核。

但癥結點卻出在我沒辦法說服科學界。二〇〇五年，我首次與某所倫敦頂尖大學管理研究事務的副校長會面。以橡木護牆板和奢華紅色皮沙發裝飾的辦公室十分寬敞，牆上掛滿著名校友的畫像，我在心中反覆演練關鍵論點，起初覺得自己還挺有信心。我打算指出極端分子人數太少，無法針對所有機構，只要更多大學採取公開態度就能「人多勢眾」，此外並無證據顯示科學家或機構會因為對媒體發聲而成為目標。最後加碼：我會以該大學自身為例，有兩位科學家公開發聲過了，結果學校並沒有受到什麼影響，可見支援他們（而非如當時的公關團隊般勸阻他們）才是明智之舉，風險也不高。如果能說服這位副校長，我們在公開透明方面會取得重大突破，甚至引發連鎖反應。

至少對方很有風度，花了將近一個小時慢慢聽我說，但最後仍舊表示他不願冒險讓學校成為動物權利極端分子下一個攻擊目標，這樣良心上過不去。畢竟劍橋和牛津的遭遇還歷歷在目，弊大於利而且所費不貲。他說很遺憾，校方立場不會有所改變。類似對話內容我經歷過太多遍，是這份工作開頭幾年最不好的體驗。

還有一套論述很常見：不對動物實驗發聲是因為「我們有保護科學家的責任」。這與「車底下放炸彈」很類似，好像主張公開透明的人實際上是不負責任，提倡危害到研究人員安全的政策。但我的觀察角度不同，隱瞞動物實驗代表機構對自己的研究缺乏榮譽感、不願意公開辯護。

二〇一二年，倫敦帝國學院遭到動物權利運動人士滲透。他隸屬英國廢除活體解剖聯盟（British Union for the Abolition of Vivisection）（現為國際零殘忍協會〔Cruelty Free International〕），以臥底手法藏身在實驗室內工作好幾個月，後來提供影片給《星期日泰晤士報》，聲稱內容暴露了極為嚴重的系統性非法動物虐待，而且這些虐待手法在科學界如例行公事得到批准。以前發生過類似事件，如劍橋大學和製藥公司默沙東（MSD）都是受害者。根據過往經驗，內政部不會裁定機構涉及違法，媒體提出的指控在後續正式調查也都難以成立。

[45]

之前曾有一間動物育種公司碰上類似事件，在我們建議之下邀請媒體進入機構。報社派出自己的記者和攝影師，能夠自由參觀內部所有空間，結果寫出來的報導相對客觀。基於成功經驗，我向倫敦帝國學院公關室提出同樣建議，然而卻被告知這種做法不可能實現，因為大學有保護研究人員的義務。最後校方發佈了簡短公告，表示內部會進行獨立調查，但對具體指控一概避而不談。於是《星期日泰晤士報》於二〇一三年四月刊出報導，附上的除了影片還有極其聳動的文字敘述，譬如實驗鼠遭到「斷頸砍頭」。

我明白情況很棘手，也理解校方以保護科學家為當務之急，甚至學者本身或許就不希望學校幫忙出頭辯護。然而我依舊質疑：讓社會大眾只能讀到對科學家偏頗片面的攻擊，真的就是最好的選擇？

倫敦帝國學院進行了獨立調查，內政部也透過其法定委員會ＡＳＣ（科學用動物委員會）瞭解此事，之後雙方均發佈報告。帝國學院針對自身提出批評意見，建議全面改革動物研究的管理模式。內政部從十八個案件中發現五起違規情事，對相關研究者施以懲處，並在報告書中指出帝國學院的內部文化「普遍不夠關心動物福祉」。某位部長在另一個場合要求帝國學院負責動物實驗的高層辭職。內政部決定持續監督學院，但同時也駁回各項違法指控，結論中提到「整體而言，動物權利組織指控該機構的虐待行為並未獲得證實」，不過ＡＳＣ批判了帝國學院的制度標準。事後我寫信給其他大學及研究機構，呼籲大家為更多臥底行動做好準備，並建議遭到爆料時直接邀請新聞媒體進入設施，公開回應主要指控。

公開談論實驗與成為攻擊目標，兩者之間是否有關？我不想草率判斷，決定收集資料瞭解公開透明和成為目標之間是否存在連結。少數科學家經過勸說之後願意與記者對話，我不厭其煩一一追蹤，但這些學者都表示後來並未受到騷擾。

巴斯大學藥理學家莎拉．貝利（Sarah Bailey）博士在二〇〇六年夏天聯絡我們，表示她對於公開一項新研究心懷恐懼，因為論文內容是第一次發現爭議性抗痘藥物「羅可坦」（Roaccutane）（異維A酸）能在小鼠身上引發抑鬱症狀。其實羅可坦與抑鬱症的關聯性在人類身上有大量傳聞證據，然而這是初次透過實驗室情境建立兩者連結，因此謹慎地通過新聞媒體向社會大眾報告這項發現非常重要。科學媒體中心與巴斯大學公關室一同努力說服貝利博士，希望她別因為恐懼而放棄讓如此重要的研究結果進入公領域。我們舉行了一次模擬記者會協助她應付提問，重點放在研究對象是小鼠。正式記者會上她解釋了如何判斷小鼠是否出現抑鬱症，也在一整天無數次媒體訪談之中反覆陳述。

後續幾週內我持續追蹤貝利博士的情況。她說自己收到數百封電子郵件，但來信者並不是動物權利運動人士而是青少年的父母表達謝意，他們的孩子服藥之後都出現了抑鬱症狀。此後貝利博士大力支持動物研究應該公開透明，也在科學媒體中心的活動中鼓勵同儕發聲。我以她的經驗為範本提醒各機構焦慮的公關部門：科學媒體中心並非要求科學家出來為動物實驗的方方面面做辯論，而是如貝利博士這樣以科學家身分講述自己的研究故事，同時清楚說明研究證據支持與不支持什麼結論以避免大眾誤解。這個案例中，研究結果是基於小鼠，尚未在人類身上得到證實。我們的使命是提升科學新聞準確度，倘若新聞稿忽略或刪除了動物模型的相關說明，記者報導時很容易以為直接適用於人類。還記得曾有一項研究顯示新療法能夠改善小鼠聽力，但該大學公關團隊直接刪掉與小鼠有關的內容，結果造就一個充滿誤導的新聞標題宣稱聾啞治療有了全新突破。

我意識到自己也必須成為出聲的人。想推動新的做事方式，以身作則絕對有其必要。我沒辦法從科學角度討論動物研究，但我可以寫文章提倡公開透明。我投稿到《觀察家報》及《新科學人》，還首次登上《ＢＢＣ早餐》節目。既然不是以研究人員身分描述自己如何使用實驗動物，面對的風險顯然比較低，但事後得到的回應全都很正面（除了我母親提醒我該剪頭髮）。我想這種經驗足以當作證據：在全國性媒體上討論這個話題並不一定就會成為攻擊目標。

基於當時英國的社會氛圍，科學媒體中心很難將動物實驗與其他議題一視同仁。我們定期舉辦記者會推廣基因改造、ＭＭＲ疫苗、氣候變遷等等領域的新研究發現，卻少有針對動物實驗的新聞發佈。而在少之又少的活動中，我想不起來有哪場關於動物實驗的記者會不是由科學媒體中心主動發起。動物實驗被歸入完全獨立的類別了，但我很想扭轉這種局面。

為了能與科學界攜手前行，我們需要一個主動出擊的成功案例。如果都沒有正面楷模，反對者更容易固執己見，認為再怎麼討論也只會引來負面報導。

好不容易我總算等到了機會。支持動物研究透明化的科學家與機構形成一個小圈子，二〇〇三年他們提醒科學媒體中心應該留意「年度統計」。原來每年夏天，內政部發佈的統計數據之中都會包含前一年度科學研究使用的動物及物種數量。這其實是公開透明的良好範例，我看了著實嚇一跳，但隨即發現公佈數據的方式不值得稱道，因為過去的常態就是讓統計數據靜悄悄出現在政府網站，然後被動物權利團體拿去編故事交給他們中意的記者做成報導，白白浪費一個大好機會。

我花了三年時間不斷開會、好說歹說才將計畫付諸實行。二〇〇六年，科學媒體中心終於第一次舉辦了動物研究統計簡報會。這場活動請來專業科學記者，邀請四到五位科學家、獸醫、動物技術人員以及「3R原則」專家來解釋數據中的增減變化，提供科學背景知識並回答媒體提問。結果呢？媒體對這些數字的報導煥然一新。

年度統計數據長期以來受到動物研究反對者利用。他們強調數字成長，卻未必肯提及成長背後有什麼科學或醫學的脈絡。以英國廢除活體解剖聯盟為例，他們習慣在新聞稿提到每年數百萬次實驗操作之中有六成未使用麻醉劑，弦外之音是動物因為沒有止痛劑而承受苦痛。然而事實上大多數動物實驗都被分類為「輕微」，在這類操作中若使用止痛劑或麻醉劑反而比操作本身更具侵入性（比如採集血液樣本或大量繁殖基因改造小鼠）。理解動物研究一定得先釐清脈絡。

主動邀請媒體檢視年度統計之後，使用到動物的研究者終於有機會傳遞出客觀準確的訊息。負面標題是免不了的，畢竟動物研究在英國就是具有爭議性，許多報導也反映出這個事實。再者，用到的動物數量不僅龐大還曾連續多年飆升，這源於英國的生命科學領域逐漸發達，科學家必須透過動物實驗來觀察疾病、測試藥物與疫苗安全性、開發有效的新療法。不過報導的走向有所改變，現在以科學家提供的敘述與脈絡為主軸。即便某些年度動物研究大幅增加，例如二〇一〇年進行人類基因組定序工程，連帶使用小鼠的操作次數也急劇上升，新聞報導卻仍舊大多正向。像《獨立報》就在頭版下標「救人的老鼠」，並以雙內頁篇幅進行詳細報導。

可惜的是即使科學家開始積極參與，媒體報導也逐漸轉變，我們依然要面對極端分子造成的寒蟬效應。二〇〇四年一月，科學媒體中心還在為了統計簡報會焦頭爛額，劍橋大學卻宣佈因成本飆升、工程延誤及安全考量而取消新的靈長類研究設施計畫。在外界看來，這是動物權利抗議者的重大勝利。他們想方設法阻撓該設施成立，包括請國會議員發聲反對、舉辦民意調查、透過反覆抗議威脅要封鎖該地區所有道路，甚至就政府批准劍橋新設施這點要求高等法院做裁定。不過劍橋大學收手之後，牛津大學也宣佈籌備一座全新的大型動物設施，而且這次情況有所不同，當時的科技部長森寶利勳爵下放權力給警方以遏制動物權利極端主義，同時挹注大量資金在牛津建設工程的巨額保險和維安費用，可說是打定主意要保證牛津實驗室能夠如期完工，也向動物權利運動人士傳達了明確訊息：合法且正當的科學研究領域不會葬送在他們的暴行中。

抗議者將注意力轉向牛津大學。儘管得到了政府和警方的高度支持，牛津在最初仍不願改變「低調」策略。二〇〇四年，對新實驗室的抗議達到高峰期，英國廣播公司醫學記者弗格斯．沃爾什（**Fergus Walsh**）從開往牛津的火車上打電話來抱怨，因為抗議者那邊的採訪很好安排，但校方在他多次邀約下仍不肯派出學界代表。這可是英國廣播公司招牌節目「十點新聞」要播出的內容，所以我設法聯繫到牛津的頂尖神經科學家提普．阿齊茲教授，他在針對帕金森氏症的突破性研究中使用過少量靈長類動物。教授同意受訪，以免報導裡只剩下抗議者的聲音。但隔天，牛津大學一名公關人員發來電子郵件，表示阿齊茲不是適合人選，因為他對動物研究的支持立場「過激」。

儘管大學方面態度謹慎，我們仍能看到科學界和政府的態度逐步轉變，特別值得留意的是連警方都支持公開透明。二〇〇五年，負責打擊國內極端主義的助理警察局長安東．塞切爾（**Anton Setchell**）接受《金融時報》訪問時表示：「既然是合法且受到高度監管的活動，我鼓勵研究人員公開討論。極端團體營造恐怖攻擊氣氛是為了散播恐懼，實際發生的可能性不如想像得高。只要社會大眾對動物研究更加瞭解，極端活動本來就不多的支持者還會進一步減少。」我聽了非常訝異，支持開誠布公的強烈聲明竟然不是出自科學界，而是警察的戰術小組。多年來我不斷向科學家和媒體事務官推廣這個觀點，但他們總是以安全專家的警告為由，認定動物權利運動人士依舊會造成威脅。深入瞭解以後，我發現所謂的警告通常源自內部安全報告，針對的是抗議者威脅在校園內示威，但絕大多數示威活動根本沒發生，即使發生了也就是少量抗議者高舉標語而已。

二〇〇五年，動物權利運動人士持續在牛津市中心活動，當地的十六歲男孩羅瑞・派克洛夫特（Laurie Pycroft）感到不滿，便走進WH Smith（英國的零售商店）買了紙板和一枝麥克筆寫下「支持進步，支持牛津實驗室」的標語，直接站到抗議者對面。他單槍匹馬的大膽行徑迅速傳開，不久後派克洛夫特和一群大學理科學生成立了全新的運動組織：Pro-Test[4]。牛津高層不很接納該組織，成員表示校方甚至不允許他們在校園建築物內開會。然而，該組織激勵了數百位眼睜睜看著運動人士主導話語權的學者，也鼓舞許多長期以來孤軍奮戰的人。我開始為Pro-Test提供媒體策略，建議他們也遴選出媒體發言人，定期發佈組織活動公告並對局勢演變發表評論。我為該組織的成功感到喜悅，尤為欣賞他們展現出學術界高層欠缺的

4　譯註：Pro代表支持，Test代表（動物）試驗，因此表面上是「支持動物試驗」，但同時雙關了「抗議」（protest）。

直白與勇氣。同年，時任首相的東尼・布萊爾在《星期日電訊報》撰寫了支持Pro-Test的文章，隨後又在牛津一場重要科學演講上讚揚派克洛夫特。在位首相透過重大演講對動物研究表達明確支持，顯見社會氛圍已經開始轉變。

開誠布公的訴求並未普遍獲得科學界支持，但科學媒體中心從不孤獨，從學者到媒體事務官、從非營利組織到出資單位、從記者到患者，我們有一小群堅定的盟友。部分產業組織如英國製藥業協會公開支持動物研究，也對成為目標的成員提供支援。理解動物研究組織（UAR，Understanding Animal Research，捍衛研究協會的後繼者）以及醫學研究慈善協會（Association of Medical Research Charities）則比科學媒體中心更早起步，多年來積極推動透明公開。這個議題激起的敵意和恐懼彷彿熊熊烈焰，為我們這群戰友熬煉出堅不可摧的情誼。

其中對我特別大的鼓勵來自勇敢的病人。他們受益於動物研究，於是選擇在爭議之中挺身而出。麥克・羅賓斯（Mike Robins）患有嚴重帕金森氏症，是英國首批接受腦深部刺激療法的患者之一。這項嶄新技術透過將裝置植入大腦，幫助患者控制疾病引起的劇烈顫抖。提普・阿齊茲教授就是該治療方法的開發者之一，進行人體試驗前先以猴子進行過測試。

這對學者和病人組成搭檔，在公開演講和媒體採訪中給大家帶來震撼教育。阿齊茲教授解釋完技術原理，隨後羅賓斯起身，淡淡將手伸進襯衫關閉裝置。顫抖開始了，越來越強、越來越廣，在漫長的幾分鐘後蔓延全身徹底失控。有一次示範場地本身就會搖搖晃晃，觀眾幾乎能夠感同身受。接著羅賓斯伸手進襯衫打開裝置，身體也跟著回歸平靜。

我極其敬佩羅賓斯。他自己還得對抗可怕的病魔，原本沒必要站在冰冷的會議廳裡向婦女協會或動物福利團體解釋動物試驗的意義。然而他選擇站到幕前成為最佳代言人，因為許許多多醫學突破還得仰賴動物研究。多年後，阿齊茲教授告訴我羅賓斯去世了，我心裡十分難過。這些年來，每當科學家或大學公關人員拒絕接受媒體採訪，我都會想起勇敢的他。他與十六歲的羅瑞・派克洛夫特一樣令很多人相形見絀。

二〇〇八年，科學媒體中心創始董事成員之一德雷森勳爵（Lord Drayson）在戈登・布朗（Gordon Brown）政府中擔任科技部長。多年前他經營過名為PowderJect的疫苗公司，也因而曾經淪為動物極端主義者的攻擊目標。他問我如何以科技部長的身分推動動物研究公開化，我們探討之後決定在國會舉辦晚宴，請大學校長與商業領袖齊聚一堂，鼓勵更大膽的作風。不是每個人都聽得進去，一些校長依舊以校園抗議活動為由主張保持低調，結果卻引起當時下議院科學技術委員會主席菲爾・威利斯（Phil Willis）不滿。他說起話帶著濃重的約克郡口音，大意是：「欸，帶種一點好不好？上個月有十個穿老鼠裝的人跑到我選區辦公室外面抗議，我直接邀他們進去泡茶聊聊，還陪他們辯論了一會兒。乖得跟小貓一樣啊。」然而，有時問題深植於大學內部由高層設定好的既存文化，這導致部分負責人員以迴避所有風險為第一優先。

這部分的變革來得比較緩慢，而且分成很多方向。英國的科學記者在其中發揮了重要作用，他們和我一樣，對於無法接觸科學家討論相關議題感到日益沮喪。英國廣播公司瑞秋·布坎南（Rachael Buchanan）、湯姆·菲爾登（Tom Feilden）、弗格斯·沃爾什，以及《衛報》亞洛克·賈哈等記者多年來一直嘗試進入動物實驗室，想從科學家角度探討這個重大爭議。儘管可以透過遮蔽姓名、掩飾建築外觀等手法避免研究人員身分曝光，但記者對於撰寫報導過程中太多不合理的阻礙逐漸失去耐性。菲爾登好不容易取得許可，可以參觀牛津尚未啟用的最新動物設施了，沒想到卻在進入前被要求上交護照。這條件太荒唐，他也毫不意外拒絕了。正因為這些記者多年來持續追蹤，所以會發現某些機構的預防措施毫無道理，與極端分子造成的威脅根本不對等。

英國頂尖大學最終還是被迫意識到保持沉默有損名聲，原因出在二〇〇五年《金融時報》資深科學編輯克萊夫·庫克森（Clive Cookson）的一篇報導。庫克森同樣致力於推動動物實驗透明度且不滿於現狀，我們共進午餐時互吐苦水，第二杯酒端上桌時他提起自己正在策劃一篇專題報導，與我分享了細節。《金融時報》準備向英國頂尖大學發出問卷，經由一系列提問凸顯校方對透明度有多重視——或者多忽視。他將結果撰寫出來以後會要求社論跟進，共同呼籲公開透明。我非常喜歡這個構想，追求公開的人可以藉此提醒管理高層閉口不談也有聲譽風險，持續阻撓透明化的人則會感受到壓力。庫克森寄出問卷才沒幾分鐘我就接到第一通電話，來自某大學公關主任，對方又驚又怒，認為這樣的新聞報導不負責任，會使她的所屬機構和研究人員暴露於攻擊之下。我靜靜聽著，猶豫要不要承認自己不但事前知情還支持這篇專題。後來因為她太生氣了，當下我選擇隱瞞。類似電話接了好幾通之後，一位同事提醒我「坦白從寬」。

其中一通電話內容我特別有印象，某所頂尖大學陷入焦慮的公關主任告訴我其實校園內正在興建新的動物研究設施，整所學校裡知道的人卻屈指可數。我的建議則是：或許時候到了，該開始向學者和學生說出真相，因為遲早會有人發現，而且很可能是運動分子搶得先機。

《金融時報》向四十五所大學詢問政策方針以及是否鼓勵學者公開討論相關議題。共計三十三所大學完整回應，其餘只給出部分答案。專題報導刊登於二〇〇五年十月，內容解讀大致正面，在標題「動物研究走向公開」底下庫克森寫道：「《金融時報》調查顯示，大學對動物研究計畫變得更加坦白。」內文提到如今已有超過一半大學在官方網站發佈動物研究相關聲明，並補充許多學校是在過去一年內跟上潮流。我看他提到「過去一個月內新增的五份聲明」時忍不住竊笑，因為我知道其中有一些才剛放上網站不到二十四小時。

安排媒體參訪動物實驗室成為我戰略的重要一環，目的是要證明開誠布公並不等同於風險。剛開始這份工作時我自己也對動物研究十分反感，因此說服亨廷頓生命科學公司（Huntingdon Life Sciences, HLS）的行銷總監安德魯・蓋伊（Andrew Gay）讓我參訪犬類設施。動物研究機構中遭受最多攻擊的或許就屬亨廷頓，他們主要接受大學和生技公司外包研究，自一九九九年起成為「停止亨廷頓動物虐待」（Stop Huntingdon Animal Cruelty）運動的目標。二〇〇一年二月，該公司總經理布萊恩・卡斯（Brian Cass）遭到三名男子持鎬柄與催淚瓦斯襲擊。二〇一〇年，五名「停止亨廷頓動物虐待」的活動成員因威脅亨廷頓員工而入獄服刑。

「停止亨廷頓動物虐待」運動還引入次要目標概念，聯繫了亨廷頓的客戶、銀行、供應商和股東，警告他們若不切斷關係就後果自負，例如國民西敏寺銀行（NatWest Bank）持續遭受騷擾破壞，自動提款機和大門被人用強力膠封住。後來只剩下英格蘭銀行願意為亨廷頓提供標準往來帳戶，而且這已經是政府介入的結果。

亨廷頓公司的應對方式十分不可思議——他們向記者、政治家以及任何願意瞭解動物實驗室真相的人敞開大門。我和同事花了一整天參訪，有健康活潑的米格魯犬跳上跳下舔我們，也有獸醫、科學家和動物技術員向我們做介紹，他們對動物福祉的關注看起來並不下於研究熱忱。訪問前我心情忐忑，但離開時大大鬆了一口氣，因為舉目所及皆符合最高的福祉標準。日後參觀其他類似機構也得到同樣的結論。

[57]

坊間流傳許多不實謠言，比如動物遭受虐待是常態、會被施加不必要的痛苦、死狀十分淒慘等等。我相信破除迷思的關鍵就在於邀請記者進入機構，因為每次我安排的訪問都催生出審慎且正面的報導內容。一想到未來大家在網路搜尋動物研究能看到平衡報導、動物得到妥善安置的最新照片，我們心裡十分欣慰。

我最喜歡提起的媒體參訪案例是萊斯特大學。為了符合內政部監管機構越來越高的要求標準，萊斯特與其他許多大學一樣持續為設施做升級，但同樣地他們也拼命掩蓋相關資訊。如我所料，真正瞭解內部情況的反而是那群抗議人士。二〇一〇年，參與新研究計畫的資深科學家們醒來後發現變天了：當地報紙的報導聲稱新實驗室除了大小鼠之外竟然還會飼養猴子和狗，但事實並非如此。當時萊斯特大學的公關主任阿瑟・米爾扎（Ather Mirza）以前當過記者，而且是少數長期推動開放策略的傳播界高層之一。他決心證明保密策略是死路一條，於是推動了大膽且主動的媒體計畫，包括邀請地方和全國媒體參觀該設施。二〇一二年九月新中心開幕前，他請求我們提供協助，我便邀請英國廣播公司第四臺《今日》（*Today*）節目的科學記者湯姆・菲爾登一起參加，他馬上點頭應允。

在當時社會氛圍下這是非常極端的媒體策略。儘管各大學因為《金融時報》二〇〇五年的報導而在公開透明上做出更多努力，多數情況下動物研究相關資訊不過是埋在大學網站某處的一句低調聲明。像萊斯特大學這麼公開且自信的態度可謂前所未聞，英國廣播公司第四臺《今日》用節目的黃金時段特別凸顯這一點，並將實驗室參訪活動譽為科學戰勝恐懼的一大勝利。曾經對實驗室做出不實指控的《萊斯特信使報》（*Leicester Mercury*）不僅為新設施重新做一篇報導，並藉由特別社論的主編之口承認先前引用了抗議者提供的錯誤資訊。他在標題為「釐清動物實驗室真相」的文章中寫道：

> 萊斯特大學允許我們一位記者親自查看實驗室內部情況。參訪沒有設定前提，校方告知記者無處不能去也無處不能看，結果確實完全找不到以狗或靈長類進行實驗的證據。再結合主管單位審查條件和大學本身的陳述，我們可以相信此機構並未從事相關實驗。此事無關乎活體解剖是否正當——重點在於討論需奠基於事實，而非誇大其詞或訴諸恐慌。

現在能夠形成公開文化，一方面要感謝萊斯特大學阿瑟・米爾扎以及批判保密文化的科學記者，另一方面則與大型資助機構改朝換代後的新走向有關。二〇〇三年，馬克・沃波特（Mark Walport）教授成為惠康基金會負責人以後，高度倡議公開文化。同年，醫學研究委員會（Medical Research Council）任命科林・布萊克默教授擔任主席時，已經可以確定動物研究問題不會再遭到掩蓋。布萊克默教授上任後不久，一天早晨我醒來時聽到他在《今日》

節目上嚷嚷要辭職。原來是某家報紙披露了政府郵件，內容顯示教授因為支持活體解剖而無法獲得勳章。於是他上了英國廣播公司第四臺的直播節目，表態說除非有政府官員站出來挺他，並表明政府支持使用動物進行醫學研究，否則他乾脆辭職算了。幾小時後，一位政府發言人在聲明中明確表達支持，並接受了媒體的連續採訪。我致電醫學委員會媒體主任卡羅蘭．達維奇（Carolan Davidge），稱讚她這次的媒體操作真是神來一筆。電話線那頭先是沉默，然後她才說：「費歐娜，我們也是聽了廣播才知道這件事。」所以其實並不是精心策劃的公關策略，而是科林自己大膽到可謂魯莽的本色出演。

二〇一二年，科學媒體中心開始涉入研究用動物運輸這個議題。由於動物研究整體而言受到的關注不多，社會大眾自然對科學家如何獲得研究所需的動物知之甚少。多年來，動物研究人員反覆告訴我：許多全球最大的航空和航運公司在受到抗議者威脅後，選擇不再運輸研究用動物。每次談到這件事，我都建議將故事曝光給媒體。像英國航空、鐵行郵輪和歐隧集團這種標誌性運輸企業竟然拒絕對醫學研究至關重要的合法業務，這個現象著實令人震驚，我認為社會各界和政策制定者都有權瞭解此事。另一個重點是動物繁育公司和研究機構都受到了巨大衝擊，他們可以主張禁令其實才會對動物福祉造成負面影響，因為這代表研究用動物被迫屈就於更長更辛苦的運輸路線，而且運輸品質差會導致研究品質差，畢竟動物壓力過大或健康不佳就可能造成實驗結果扭曲。有時候討論內容會有點好笑，比如實驗室主任感慨動物福祉跟著航班「降級」，從英航直飛希斯洛機場變成廉航飛紐卡斯爾之類，我還真是同情那些小鼠。

然而每次我提議要公開討論，大家就會變得惴惴不安。傳聞說那些企業和政府之間正在進行極為敏感的談判，上頭一再保證問題很快能解決卻遲遲沒有下文，同時間動物權利運動的嚇阻力道明明應該已經小了許多。森寶利勳爵嚴格執法以後多數主謀被定罪，較長的刑期發揮了威懾作用，極端主義支持者開始減少，逐漸轉變為威脅性不高且完全合法的動物權利倡議活動，主要在網路上進行，但沒想到那些有錢有勢的跨國公司往往只因為推特上幾則貼文就做出重大決策。二〇一二年初連史丹納海運（Stena Line）[5]也宣佈停止運輸研究用動物，所謂「問題很快能解決」的說法顯然是個幌子。我再加把勁要求公開討論，這次終於得到學界首肯。

科學媒體中心通常不給媒體提供「獨家報導」，但這次參與的科學家對媒體陣仗過大有點憂心。既然訴求對象是能制定政策的人，我就聯繫了《泰晤士報》和《今日》。他們明白報導內容的意義和力道，但仍希望能找到一個重量級人物來當作門面。我提議由德雷森勳爵出面，二〇一〇年工黨敗選後他從科技部長一職下臺便沉寂至今，但心裡其實還是很關切。

5 譯註：總部位於瑞典，是世界上最大的渡輪營運商之一。

距離報導發佈只剩數天，進展十分順利。《今日》和《泰晤士報》緊密協調，選定了公諸於世的日期。《泰晤士報》的計畫是除了即時新聞，還要透過社論呼籲大企業重新參與，《今日》則決定邀請現任科技部長大衛·威立茲（David Willetts）上節目，也就理所當然必須與政府通訊部門聯繫，於是事情有趣起來：突然間政府的高階公關一個個都想找我談，但根據我的經驗這可不是什麼好兆頭。我設法避開電話和郵件，結果政府轉而找上願意開口的科學家施壓。訊息十分明確：他們不容這次報導問世，因為政府正處於與航空航運業達成協議的關鍵階段，公之於眾會使多年心血化作泡影。我個人根本不相信協議成功在即，更何況果真如此的話這次報導應該有利無害，不但不會破壞協議反而能夠加速推行才對。

消息發佈前一天，兩位商務創新技術部（BIS）公關高層來到我們位於惠康基金會的辦公室。都已經在下班時間開會了，氣氛卻還帶著微微的恫嚇。他們說科學媒體中心此舉會危及科學界未來，如果破壞了高度敏感的幕後談判，我將是歷史罪人。我感謝他們抽空前來，並表示現在說什麼都太遲了。當天晚上，《今日》節目的編輯塞里·托馬斯（Ceri Thomas）和《泰晤士報》夜班編輯賽門·皮爾森（Simon Pearson）也接到商務創新技術部官員的電話，內容與我聽到的類似。這對我來說是個新局面，我忐忑地詢問他們如何回應了什麼。皮爾森說：「我告訴他們——他們打電話來的當下就保證這條新聞會成為頭版頭條了。」托馬斯的回應也差不多，感謝媒體自由。

[63] 隔天《泰晤士報》的頭版就寫著：「由於英國的渡輪運營商和航空公司屈服於動物權利運動人士的要求，禁止將小鼠、大鼠、兔子運入英國進行測試，醫學研究正面臨風險。」報導中引用德雷森勳爵的說法：「這些研究是為了治療人類社會最棘手的疾病，他們向抗議者妥協的同時無意間扼殺了科學進展。」然後社論總結道：「這些研究受到監管、符合倫理且有其必要，目的是治癒疾病與拯救生命，所以不僅該允許，更應當得到支持。」其他報刊迅速跟進。威利茲在《今日》節目中以樂觀口吻表示政府已經召集各大企業一同解決問題。可惜報導發佈至今，運輸業界的態度並沒有明顯改變。

每隔幾年，涉及動物研究的組織都要推派代表參加政府會議，旨在透過民調瞭解公眾對於使用動物進行科學研究是何種態度。儘管多年來的媒體辯論都是動物權利運動人士的主場，社會大眾對於動物研究的接受程度卻一直居高不下，尤以醫學用途最為明顯——從公元兩千年代到二〇一〇年代，平均七成民眾表示只要研究受到良好監管且用於醫學就可以接受。不過二〇一二年的調查裡，公眾接受度卻意外下降了百分之十。耐人尋味的是，此時正值極端主義者銷聲匿跡、公眾「爭議」減少的時期。我的假設是：雖然極端主義者激起爭議，但也等同為雙方提供了媒體平臺。大眾接觸到相關議題的理性辯論以後通常反而會被說服，認同動物實驗有其必要——我丈夫的學生也是如此。[64] 媒體關注降低在科學界許多人眼中或許是好事，但其實也代表能向公眾提醒動物研究必要性的機會變少了。

限制和保密政策在戰爭時期很合理，但在和平時期已沒有意義。我們的目標是動物研究正常化，成為科學傳播中的常態。時機成熟了，我們又用力推一把——與UAR（理解動物研究組織）、醫學研究委員會和惠康基金會合作舉辦的一次會議上，「動物研究開放宣言」的構想誕生，部分靈感來自幾年前克萊夫・庫克森的大學態度調查報告。經過一整個夏天的努力不懈，我們最終獲得勝利，說服主要大學簽署這份宣言。過程中可沒有說謊，只是多次將劍橋即將簽署的消息告訴牛津，也提醒每一所羅素集團大學：如果沒出現在名單上，各界都會看在眼裡。宣言之所以成功不僅因為我們策略得當，也因為社會氛圍已經轉變，所有人都能感受到。對動物研究諱莫如深已經不再合理、不為外界所接受。集結十八所頂尖大學並於二〇一二年發佈宣言後，我們聯繫惠康基金會馬克・沃波特爵士教授，他同意支持並資助UAR將宣言轉化為更具實質約束力的《動物研究開放協約》（Concordat on Openness on Animal Research）。經過包括六週公眾參與的大量諮詢之後，協約於二〇一四年在科學媒體中心記者會上公佈，當時簽署機構數僅七十二，如今則涵蓋英國一百多所頂尖研究型大學、研究所和企業。大家承諾會在新聞稿中提及動物、在網站公佈使用數量，並積極主動提供機會讓大眾瞭解動物在研究中的使用情況。

社會大眾恐怕永遠都會對動物研究有疑慮，因為就連專業人員也不能免俗：獸醫和技師負責處理實驗動物也積極改善動物福祉，科學家則致力於改進、減少和替代動物使用，但他們心裡一樣有些掙扎。但至少現在相關資訊是由從事動物研究的機構主動公開，不再是實驗室外抗議分子的一言堂了，這或許是我在任二十年間科學傳播領域最為重大的一次變革。十四年來的第一次——二〇二〇年與二〇二一年，科學媒體中心決定不舉行動物研究數據的年度新聞發佈會。部分由於新冠疫情，但更大理由是科學家及機構面對的壓力小了很多，不再需要隱瞞動物扮演的角色或擔心實驗被外界發現，科學家經由動物研究得到的生醫領域突破，也能在媒體上大方公開。後幾年參加動物數據發佈會的記者屈指可數，與早先座無虛席的盛況形成鮮明對比。通過公開討論研究動物的使用情況，並將其確立為科學常態的一環，我們成功化解了圍繞這個議題的種種爭議，結果現在記者反而無心報導。正如《衛報》前科學編輯詹姆斯．朗德森對我所言：「赤裸裸交代清楚，我們就沒興趣了。」動物研究已不再是科學界「見不得光的祕密」。

3 起初，他們抓共產黨人[1]

圍繞肌痛性腦脊髓炎／慢性疲勞症候群（ME/CFS）研究的激辯

很多人都認識肌痛性腦脊髓炎（myalgic encephalomyelitis，簡稱ME）的病患，這種疾病也稱為慢性疲勞症候群（chronic fatigue syndrome，簡稱CFS）。根據專家估計，英國約二十五萬人罹患此疾病，所以或許其實你認識的還不只一位。ME和CFS並非完全重疊：ME較為廣義、沒有列出明確症狀，但與CFS有相似性，兩者常被歸類在一起，以長期疲勞等症狀為主，會限制患者日常活動的能力。雖然疲勞在許多疾病中常見，但在ME/CFS中尤其嚴重，且無法通過睡眠或休息得到緩解，還有一個特徵是最輕量的活動也能引發疲憊及不適感。最令患者挫折之處是目前醫學界尚未查明根本病因，也沒有診斷測試可用。許多患者表示自己經過如腺熱[2]或肺炎之類嚴重感染以後便罹患了ME/CFS。一些專家推測ME/CFS或許

1　譯註：原句為「起初，納粹抓共產黨人的時候，我沉默，因為我不是共產黨人。」出自德國牧師馬丁・尼莫拉（Martin Niemöller）的懺悔詩，大意為德國神職人員與知識分子坐視納粹肅清無辜者（共產黨人、社會民主主義者、工會成員、猶太人）而不表態，於是自己被抓走時也沒有別人願意伸出援手。旨在呼籲大家關心政治，不要因為與己無關就漠視他人遭受迫害。

2　譯註：腺熱為早期名稱，現在命名為傳染性單核白血球增多症。

並非單一特定的疾病，而是多種不同疾病的最終階段。

我也有親人和朋友因為此病身體衰弱，而且三十多歲時稍微體會到這種疾病可能帶來的影響。那時跟著媒體行程跑到薩伊共和國（Zaire，已改名為剛果民主共和國），在哥馬市（Goma）有個聲名狼藉的難民營容納逾兩百萬名因盧安達種族滅絕而逃離的難民。薩伊總統莫布杜（Mobutu）上臺以後一直威脅要關閉難民營，也在那一年真的出手了。所有預定航班取消，我們被迫在薩伊滯留比預期更久，導致我因囊腫性纖維化需要服用的多種抗生素全部耗盡。不出所料，胸腔嚴重感染，逃離薩伊之後第一站就是皇家布朗普頓醫院，醫生讓我立刻住院接受為期兩週的靜脈注射抗生素療程，結束以後檢驗報告顯示新的感染全都痊癒，但我出院時卻還是很不舒服。多次嘗試重返崗位未果，我回去威爾斯接受父母照顧，在他們家裡每天躺床昏昏欲睡。因為連下樓的力氣也沒有，我父親索性搬一臺電視上來方便我看《朱門恩怨》（*Dallas*）的重播。這段期間我雙親數度坐到床邊問我是不是憂鬱症，我則一再表示除了該死的疲憊感之外心裡沒什麼好抑鬱，雖然說完常常就大哭到睡著。向不同醫生求診無數次卻都得不到明確答案，那種感覺實在太令人沮喪。但同時我的精力逐漸回復，只是過程非常緩慢。幾個月後終於回去工作了，身體卻依舊不適，高度疲憊延續將近一年之久。

這次經驗讓我稍微體會到ME/CFS會造成多嚴重的痛苦與疏離。我還因此發誓再也不抱怨自己那輕微的囊腫纖維症了，畢竟症狀可以識別、治療方法經過驗證，感染康復時程也都在醫界掌握之中。

我對於疾病成因以及療法方面的最新突破十分感興趣，剛進入科學媒體中心就很想見一見相關領域科學家，沒想到卻因此見證了惡夢：一小群科學家受到運動人士聲勢浩大的騷擾和圍剿，儘管在該領域投入了多年心血，卻紛紛萌生程度不等的去意。與這群科學家的合作過程中有許多現象令人警醒，譬如優秀的醫學證據有可能遭到曲解抨擊、科學家竟然會因為外界攻擊而失去研究特定領域的權利、批判者的聲量過大會妨礙病患與公眾接觸研究證據，還有辯論過度極化負面時，科學家只是合理從事研究，竟也會被有心人貼上「向病患宣戰」的標籤。

賽蒙・衛斯理（Simon Wessely）爵士教授是這方面先驅，開發了第一代療法並協助健保診所對ME/CFS進行治療。我進入科學媒體中心不久便有幸與他會晤，卻訝異得知他常收到死亡威脅和恐嚇電話。教授被迫在家中安裝緊急呼叫鈕，並請警察以X光機檢查所有郵件。一個網站將他形容為「危險的瘋子……顯然是虐待狂」，另一個則將他比擬為納粹死亡醫生約瑟夫・門格勒——這個指控極其傷人，因為衛斯理教授的祖輩有兩位就在奧斯維辛集中營被害。而教授向我解釋：儘管他在公元兩千年已經決定不繼續研究ME/CFS，騷擾卻並未因此平息。

[69]

上述恫嚇手法已經相當令人震驚，但運動人士的手段遠不止於此。他們經常針對個別研究人員提出正式投訴，處理起來曠日費時會影響研究進程，也可能損害到學者的誠信和聲譽。投訴方法通常是提出數百份ＦＯＩ（資訊自由）請求案要求獲取電子郵件和數據，收到請求案的一方依法必須回應，所以動物權利運動人士和氣候變遷懷疑論者也會使用同樣招數。只要請求案目標是英國大學僱用的科學家，世界上任何人都可以要求查看任何書面資料。一次案例中，從事ME/CFS行為治療試驗的科學團隊被迫公開六百頁倫理委員會審查意見書、所有試驗管理和督導委員會的會議記錄，以至於病患的個人資料（經過匿名化處理）。研究團隊曾向參與試驗的患者保證資料不會被公開，但資訊法庭卻判定大學敗訴，強制校方配合辦理。有ME/CFS研究人員估算過，應對惡意ＦＯＩ請求案一度消耗掉他四分之一的工時。

運動人士還將許多參與ME/CFS研究的科學家舉報至英國醫學總會，企圖藉此吊銷他們的醫師執照。二〇一九年，牛津大學心理醫學專家麥可．夏普（Michael Sharpe）教授接受《觀察家報》採訪時表示：「一而再再而三接受調查……那種情境下無法好好工作。」

可能有人不禁要問：運動人士究竟不滿什麼？難道不希望ME/CFS得到研究嗎？我不敢聲稱自己徹底瞭解對方的憤怒，但反對重點似乎在於研究者的身分。參與研究和照顧ME/CFS患者的專家多半是精神科醫師、心理學家或行為科學家，他們的研究推動了行為／心理治療的發展，例如認知行為療法、漸進運動療法等等。一部分ME/CFS患者的症狀被不夠敏感的家人和醫生忽略否定許多年，接著發現相關研究全都是由精神病學和心理學專家主導，彷彿證明了整個醫學界都認為他們的病情是「心理作用」而不是「真實的」生理問題。還有患者質疑醫界對行為療法過度重視，間接排擠其他類型科學家進行研究，導致潛在的生物學病因和替代療法遲遲未能問世。甚至有人主張唯有精神病學退出相關領域ME/CFS才會得到認真看待，公開宣稱目標是讓這些科學家名譽掃地、被迫出走。

與我聊過的一部分專家認為ME/CFS運動人士的反對意見劃出一條異常的界線，刻意將針對疾病的心理與生理研究分隔開來。就他們所見，醫界越來越能體認到心理健康與生理健康之間存在複雜的交互作用，並呼籲以新的思考角度探究疾病本質，避免將病痛切割為身體（即真實）或心理（即想像）的過時二元觀念。他們進一步主張現代醫學逐步將焦點轉向治療人的整體，以ME/CFS而言不應該否定心理方法治療生理症狀的可能性，尤其這種抗拒態度會在無意中強化精神疾病的污名化。

各方唯一共識是許多ME/CFS患者經歷過一段悲慘時光。一九八〇到一九九〇年代，社會逐漸留意到這種疾病趨勢，卻將它戲稱為「雅痞流感」[3]——這是貶義詞，暗諷會被這種

3 譯註：雅痞原文yuppie，指在都市工作的年輕專業人員。有人認為中文的「雅痞」已經脫離原文意涵，主張譯為「雅皮士」。

疾病擊垮的似乎多半是富裕都市居民。長期以來，許多患者表示自己被一般科醫師[4]當作是詐病，又或者明明是生理症狀卻草率診斷為憂鬱症或其他精神疾病。雖然並非針對ME/CFS，二〇〇一年一項學術調查似乎成為鐵證：六成四的一般科醫師認為患有「醫學上無法解釋的問題」的病人其實是精神疾病，更有高達八成四的醫師將其視為「人格問題」。諷刺的是當其他領域專家袖手旁觀時，率先站出來的竟然就是精神病學家和心理學家，他們選擇體恤病人的苦痛、進行研究以開發治療方法。因此我對這件事情的判斷始終是：ME/CFS患者確實受到醫學界冷落，但沮喪與憤怒找錯了發洩對象。

科學媒體中心經手的一個事件凸顯出許多問題。二〇〇九年十月，美國知名期刊《科學》刊載了一篇論文，內容指出超過三分之二ME/CFS患者身上可以檢測到XMRV，那是一種通常在實驗小鼠體內才會發現的逆轉錄病毒。由於論文受到限時禁發令保護，我們一大早醒來才從新聞頭條得知消息。《獨立報》做了大篇幅報導，標題寫著：「科學家找到了ME病因？最新突破為全球數百萬患者帶來希望。」乍看之下ME/CFS就是由病毒引起，而且還是已知病毒，有現成的治療藥物，換言之相關研究已經功德圓滿。全球新聞媒體忙著宣佈ME/CFS的病因及可能治療方法，只有姍姍來遲的科學媒體中心還在尋找第三方評論，完全

4　譯註：又稱為全科或普通科醫師，主要處理發展初期尚未鑑別診斷的疾病類型、轉介專科或追蹤個案等等。一九五〇年代起，一般科已經視為一種專科。

來不及對報導做出回應。

錯失良機讓我很悶，但與科學家交流以後是悶上加悶，因為他們更沒有跟上媒體帶起的節奏。學者們還在糾結兩點，其一是研究中的患者數量太少，其二是過去那麼多嘗試都失敗了，為什麼這次能輕而易舉為ME/CFS找到對應的病毒。大家共識是研究或許很有意義，但前提是其他實驗室能夠再現相同結果。可惜新聞炒起的氣氛已經太過熱烈，這種謹慎的評論意見幾乎擠不進版面。報導出來同一天就有患者開始從網上訂購抗病毒藥物和檢驗工具包——巧的是，檢驗包是同一個實驗室對外銷售的產品。《衛報》資深健康編輯莎拉·孛斯利（Sarah Boseley）多年來持續關注這個疾病，認為這項單一研究有種「好過頭」的味道在，所以向新聞編輯部據理力爭沒讓消息登上頭版。她做得很對。

第一個嘗試複現結果的英國機構是倫敦帝國學院，病毒學家麥拉·穆克盧爾（Myra McClure）教授設計了類似實驗。二〇一〇年一月論文發表前夕她委託科學媒體中心代為舉辦記者會，我們求之不得。與原始研究失之交臂，有可能證實重大發現的第二次機會不可以錯過。只可惜我們和對研究寄予厚望的患者都要失望了，穆克盧爾帶著同事來到科學媒體中心告訴記者：她們團隊無法複製出同樣結果。事實上，她們根本無法在患者檢體中找到XMRV的蹤跡。在記者追問下，她表示自己推測可能原因是原始研究中樣本遭到了污染。隨著世界各地實驗室都未能檢測到病毒，對原始論文的質疑越來越多，最後美國《科學》期刊在二〇一一年十二月直接撤下文章，這是研究存在重大瑕疵時才會採取的最後手段。即便撤開ME/CFS不談，從這個故事我們也能看到記者為什麼應該抗拒誘惑，不要過分誇大單一研究。之前提過我常常複誦的格言是：「非凡的主張需要非凡的證據。」這則新聞只有前者沒有後者，不過激起的浪花也明確反應出媒體和病患都在盼一道新的曙光。

ME/CFS這個領域裡有兩件麻煩事一再上演，首先是高高捧起的希望被狠狠砸碎，再來是不合病患心意的研究發現會激發劇烈的敵意。穆克盧爾教授是病毒學家，原本的研究主題根本不是ME/CFS，但在科學媒體中心簡報會後不久便遭受一連串網路攻擊，最後不得不要求我們將她的名字從所有與該疾病有關的名單中抹去。一位運動人士反覆給教授寫信，內容是幻想她溺水的死狀。警方判斷來自美國ME激進分子的死亡威脅「可信」，於是她被迫取消安排好的美國訪問。穆克盧爾教授後來接受英國廣播公司記者採訪時談到這段經歷：「非常非常令人錯愕，做出那些事情的病患似乎以為不找到病毒對我有什麼好處。」她說，「我從當時到現在，始終無法理解背後的邏輯。有哪個病毒學家不希望發現新病毒呢？」但總之作為回應，穆克盧爾明確表態不再碰這個燙手山芋了。

二〇一一年，新型臨床試驗PACE的主作者聯繫了我們，這項試驗主要會比較不同的ME/CFS治療方法。倫敦瑪麗皇后大學彼得・懷特（Peter White）教授明白與ME/CFS扯上關係就會有風險，因此連是否舉辦記者會都持保留態度。而科學媒體中心的我們在一開始則太過天真，以為懷特教授誇大了潛在爭議性，堅稱透過新聞發佈會才能確保記者報導研究結果時用字精準。試驗資助單位包括醫學研究委員會、衛生部、就業及退休金事務部，將在《刺胳針》期刊發表，種種跡象都顯示這會是一份高品質的醫學研究。說服懷特教授舉辦記者會後，我們的下一步是邀請各單位公關部門參與其中。他們比我們更清楚這次試驗結果可能掀起多大的風浪，緊張之餘卻也認為新聞發佈會不失為好主意，能給研究人員足夠時間解釋試驗細節、強調試驗的侷限。之後幾星期就是緊鑼密鼓的籌備，我們還做了一次完整排練，由科學媒體中心扮演記者做出尖銳提問。

比較不同治療方法、觀察孰優孰劣，我認為若是放在其他疾病上根本不會引發爭議。PACE試驗囊括三種常見的ME/CFS療程，招募來自全國六個診所共計六百四十一位患者，所有人都會接受標準的專業照護。他們分為四組，其中一組未接受進一步治療，其他三組則分別接受不同的附加治療：步調適應療法能幫助患者調整生活方式以更好地適應疾病，認知行為療法協助患者探究與瞭解疾病並積極應對，漸進運動療法則鼓勵患者逐步增加體力活動時間。

試驗結果顯示：經過一年，在疲勞度和生理功能方面，接受認知行為療法或漸進運動療法（加上專業護理）的患者，改善程度高於接受步調適應療法或僅接受專業護理的患者，此外四種治療法具有同等安全性。這些發現與之前的試驗一致，英國國家健康暨照護卓越研究院（NICE）[5]也早已推薦這些治療方法給所有患者，PACE試驗真正的意義在於它在同類型研究之中規模最大。參與研究的科學家並未聲稱何種治療方法最佳，且明確表示即便是認知行為療法和漸進運動療法平均而言效果也有限，但在更好的選擇出現之前，這些就是現有的最佳方案。

新聞發佈會進行得很順利。事前我們向作者群擔保：參與的科學和醫藥記者會提出尖銳但有深度的問題，並做出不偏不倚的公正報導。幸好記者也沒讓我們失望，他們深入瞭解了ME/CFS的發展歷史，針對這種疾病本質為何提出疑問，還提到了「雅痞流感」和「心理作用」這幾種說法。科學家這方不遑多讓，表現令我驚艷，主持試驗的麥可·夏普教授和楚迪·查爾德（Trudie Chalder）教授回答問題口齒清晰、有條不紊。後來許多年裡我反反覆覆聽到ME/CFS研究人員回答同樣的問題，他們指出ME/CFS是真實存在的疾病，能導致嚴重殘疾和痛苦，絕非「心理作用」，也拒絕以過度簡化的方式描述疾病。任何疾病都需要考量身和心雙方面因素，認知行為療法和漸進運動療法合乎醫學，PACE和先前的研究都顯示這些療法能幫助部分患者。由於目前這種疾病缺乏明確解釋，醫學人員的責任就是進一步研究

5 譯註：National Institute for Health and Care，英國負責改善並追求健康及社會照護體系卓越發展的獨立機構，負責制定高品質健康照護治療指引與標準，亦就促進健康的生活方式和預防疾病提供建議。

並測試治療方法，大量收集資料來驗證何者有效、何者無效。

儘管我們做了充分準備，PACE試驗仍然引來運動人士憤怒的砲火，還被冠上各式各樣的罵名，例如「科學和國庫詐騙」、「垃圾」、「二十一世紀最大的醫學醜聞」等等。他們對《刺胳針》和醫學研究委員會提出正式投訴（但該期刊始終拒絕撤稿），後來還找上了二〇一一年才成立的健康研究管理局（Health Research Authority），該機構負責制定英國臨床試驗的標準。運動人士持續宣稱試驗內容「已遭推翻」，參與試驗且登記在案的所有醫生都被舉報至負責監管醫師的英國醫學總會，但總會的裁定每次都是無案可查。PACE試驗的辯論甚至延燒到國會殿堂內，至少一位議員曾利用免責權指控該試驗是詐欺。

臨床試驗不會完美無暇，多數試驗都有缺陷，但我想不出哪個臨床試驗遭受過如此強烈且持續的審視批評。指責PACE過失的文章長達數十萬字，主要聚焦在如何遴選患者和測量成績、外界無法取得試驗數據。但事實上PACE試驗已經多次接受各大科學機構的審查，醫學研究委員會和《刺胳針》寧願承受巨大壓力也要支持這項試驗。後來，二〇一八年一月，時任英國健康研究管理局局長的喬納森・蒙哥馬利（Jonathan Montgomery）爵士教授出席眾議院科學技術委員會的研究誠信聽證會，因議員提出質疑而對PACE試驗展開調查。他於二〇一九年初發佈報告，內容不僅稱許該試驗是一項優秀研究，還嘉獎它在透明度和倫理標準方面領先了時代：「我們藉此機會表揚PACE研究人員。他們認識到透明度的重要，即使法規沒有硬性要求仍堅持良好實務規範，公開了研究程序和統計分析計畫書。這些做法值得推廣，公開性能為科學界建立合宜的辯論風氣。」很少有醫學研究像這樣既飽受詆毀又備受推崇。

PACE試驗的新聞發佈會順利落幕，但與作者、期刊、資助機構密切合作的過程彷彿一次火的洗禮。試驗參與人員表現出的焦慮程度令我十分訝異，試圖「整合」第三方意見時其他科學家的反應也令人嘖嘖稱奇。二〇一一年時，徵詢第三方意見對科學媒體中心已經算是例行公事，多數學者也樂於在新研究發表之前讀到內容並做出評論，然而我們很快便發現常態並不適用於ME/CFS這個領域。接洽到的大多數人拒絕發表評論。有人坦言目睹了公開參與討論的同儕是什麼下場，所以不願冒險讓自己成為攻擊目標。也有人是真的親自對ME/CFS發表過評論，後來發誓再也不幹。還有些人委婉拒絕，但提出的理由若換作其他領域上明顯不構成阻礙。一些獨立專家聲稱是利益迴避，只因為他們與PACE試驗之間有很遙遠的聯繫，就我們的立場自然十分挫折。還有些人謙虛得一反常態，自認專業能力不足。無論原因為何我們都學到了教訓：多數科學家不願就ME/CFS問題接受媒體採訪。

這種抗拒心態直接觸碰到我們的使命核心。科學媒體中心旨在鼓勵研究人員對科學中的混亂和爭議發聲，保障公眾和患者能接觸到最準確的證據和分析。眼前是據估計影響英國約百分之一人口的疾病，但科學家竟然害怕討論。該如何應對？

二〇一一年三月，我們決定召集一些曾經受到騷擾的科學家，希望集思廣益找到解決辦法。與會者還有前警官，他們成立了名為Support4Rs的組織，專門為受到動物研究極端分子攻擊的科學家提供建議。另外則是英國醫學總會的專家，他們負責處理針對ME/CFS醫生的大量投訴。在會議上我們提出一個可能性，就是請研究人員公開探討受到的騷擾。畢竟連科學媒體中心的我們也是近距離接觸之後，才意識到科學家被噤聲至何等地步，科學界與社會大眾整體而言根本渾然不察。動物研究人員也同樣受到壓迫，根據過去與其合作的經驗，我們認為若能讓外界認識到ME/CFS領域科學家受到多嚴重的騷擾，或許能激發科學界和科學記者的全面支持。

處於風口浪尖的科學家起初極為戒慎恐懼，擔心公開討論會再一次激怒運動人士並引來更多攻擊。我們暫時擱置這個想法，但團隊內部的評估是情勢沒有好轉跡象，適度引入媒體關注反而可能造成改變。更何況我們強烈覺得事態要更糟其實並不容易。這時期賽蒙・衛斯理爵士教授已經離開ME/CFS領域，轉而研究武裝戰鬥對士兵心理健康的影響。他在演講時提到前往伊拉克和阿富汗戰區感覺比起研究ME/CFS更安全，聽眾通常哄堂大笑，但這句話是認真的。

最後我們也是被迫接招：英國廣播公司第四臺《今日》的科學編輯湯姆・菲爾登留意到ME/CFS討論被恐懼籠罩。他向當時的節目主編塞里・托馬斯反映，托馬斯震驚之餘也積極想以此為題做一篇報導。菲爾登找上科學媒體中心，雙方討論了節目可以走什麼形式。我們請對方給些時間，希望有機會說服科學家參與。他雖然同意，但表示自己也會著手調查，而且《今日》無論如何都會播出這個專題。我們趕緊回頭聯絡了衛斯理、夏普、查爾德等多位教授並告知電臺立場，然後從科學媒體中心的角度解釋上節目才是正確選擇，並承諾會全程陪伴。

《今日》這檔節目通常以政治為主軸，卻在二〇一一年七月某一天分配了大量時間報導這個故事。菲爾登從早上六點半開始直播，衛斯理教授在七點半受訪。通常保留給當日重大政治訪談的八點十分時段播放一段長篇預錄，其中除了衛斯理與麥拉·穆克盧爾教授的專訪外還有布里斯托大學專攻ME/CFS的兒科醫生艾絲特·克勞利（Esther Crawley）參與。後來惠康基金會負責人沃波特爵士教授和肌痛性腦脊髓炎協會醫學顧問查爾斯·薛佛（Charles Shepherd）醫師也接受直播訪問，卡司陣容非常強大。

接下來幾天也十分精彩。媒體接連邀約衛斯理教授和克勞利醫師，許多訪談不僅內容詳盡也充滿同情。社會大眾的反應是訝異不已：科學家投入畢生精力改善患者生活，本該受人敬重才對，詎料竟會遭到運動人士無情且惡毒的攻擊，甚至有人被逼到不得不離開這個研究領域。我本希望日後回顧此刻會看到一個轉捩點，醫學研究界就此意識到他們必須更公開捍衛身處爭議領域的同儕，然而終究事與願違。

會淪為攻擊目標並不只有科學家，報導ME/CFS研究的科學記者同樣遭受網路誹謗和大量投訴。二〇一三年五月，記者麥可・漢倫（Michael Hanlon）表示他打算為《星期日泰晤士報》雜誌撰寫一篇ME/CFS專題報導，這很可能引起一些風波，我也嘗試為他做好準備。漢倫在文章開篇就寫道：「即使ME運動和活體解剖一樣充滿爭議，大家可能連聽都沒聽過，因為不僅這個領域的醫生飽受困擾，連報導這個話題的記者也會遭到波及。不只一個同事說，我光是想著要做這專題就已經瘋了。」有幾位記者私下向我坦承，考慮到必然會招致的批評和投訴，他們希望儘量避免觸及這個主題。

我們必須強調：心生不滿就將矛頭指向研究人員並進行騷擾的病人只是少數。他們聲稱能夠代表ME/CFS患者全體，但事實並非如此。撇開少部分激進派，確實也有患者因該疾病缺乏研究而心灰意冷、認為國民健保署推薦的療法效果不佳，還有一些人非常厭惡外界暗示這種疾病是「心理作用」。有好幾個慈善單位代表這兩類病患發聲，例如持續爭取更多研究資金和更好治療方法的肌痛性腦脊髓炎協會。還有許多患者對接受到的醫療服務表示肯定，他們感謝醫師協助控制症狀甚至達到康復，不過這類患者傾向於遠離社交媒體與惡意言論。每位患者有不同態度實屬理所當然，公開自由的討論對所有人都有好處。可惜一小部分激進分子就能引發寒蟬效應，斷送具有建設性的對話交流。這種氛圍中，科學與患者雙方都成了輸家。

＊

[82] 偶爾會有人指控科學媒體中心在某議題上與特定的少數專家過分密切，同時也有人認為ME/CFS相關資訊在媒體上被特定觀點的科學家壟斷。這種說法並非完全沒道理，但諷刺在於參與討論的專家之所以很少，是因為研究此疾病的各領域科學學者大多不想接觸媒體。科學媒體中心名單上這方面專家並不少，其中包括專門從生物學層面切入的研究者，但無論我們怎麼努力都沒用，多數科學家始終不願意接受採訪或出席記者會，因此絕大多數媒體邀約仍舊落在少少幾位科學家身上。賽蒙・衛斯理爵士教授總是在一開始的時候先拒絕，但後悔莫及地補了句：「真的找不到其他人再來問我吧。」數不清多少次了，我最後還是打過去求救，然後聽他在無奈嘆息中同意受訪。艾絲特・克勞利醫師說她是為了診所病患發聲，患者相信她的團隊及她們提供的治療，希望她能成為代言人。麥可・夏普和楚迪・查爾德教授表示他們上媒體是想捍衛合理研究免受不正當攻擊。追根究柢，這幾位會點頭也是明白沒其他人願意扛。

就ME/CFS與媒體互動在性質上有別於其他主題。記者報導斯他汀類藥物、抗憂鬱劑、電子菸等等爭議時，通常是提出開放性問題然後平衡報導，但到了ME/CFS問題上關注焦點卻放在爭議本身，時常下筆之前已經決定好內容調性，直接跳過理解與治療ME/CFS的證據 [83]

基礎，要求專家回應老生常談的批評。偏頗的新聞報導對任何人都沒有益處。

有個例子我印象特別深刻。二〇一八年一月，享譽國際的《自然》期刊撰稿人發電子郵件給PACE論文作者群請求訪問。她解釋這篇文章已經籌劃一段時間，但總編要求盡快交稿並加入學者方評論，所以作者群有二十四小時時間決定是否受訪。顯而易見，一篇報導準備了好幾個月，卻在最後關頭才想到要聯繫英國最主要的ME/CFS研究團隊。作者群有所保留，因為近期太多記者在最新的分子生物學研究與「不足為信」的心理方法之間劃出虛假界線，他們擔心這篇報導也是同樣風格。我好說歹說，這群科學家還是不願意急就章地接受訪問，表示若時間寬裕才有可能答應。報導出來以後PACE與XMRV試驗被並列在一個簡短段落內，大意是這些「爭議性研究」都「損害」了該研究領域的聲譽。文章還聲稱多年來醫學界忽視患者症狀，直到最近才有一群醫師出面傾聽。我幫PACE作者群撰寫了一篇回應——一方面他們覺得研究又被錯誤詮釋了所以士氣低迷，另一方面必須有人為他們的抗議留下紀錄。回應中他們提到一個重點，那就是許多反對PACE的意見源於誤解或成見：

「一些患者或非患者將行為治療等同於忽視病情，這十分令人遺憾，因為這些療法有可能幫助到病人……這個疾病病程漫長痛苦，我們認為任何可能改善患者生活的研究或療法都不該受到污名化。」

有個英國廣播公司節目做了學齡患者的ME/CFS專題，原本與PACE並無直接關係，但主持人卻花了一個小時盤問作者群，內容依舊圍繞在外界對研究的批評。節目有趣、內容扎實，但再次顯示出媒體戴著有色眼鏡製作報導。這次我說動研究者參與了，但他們後來心情更悶，原來這個主持人之前是記者，早就在《廣角鏡》（*Panorama*）做過一集類似主題，英國廣播公司還因此接過投訴。我非常欽佩這群科學家，他們一次又一次耐著性子且毫不保留地回答同樣問題。大多數臨床試驗中，科學家從來不必面對媒體。少部分試驗獲得公眾關注，但科學家也只在發表後一兩天內應付媒體，很快就能步入新階段不必原地打轉。PACE試驗則不然，已經發表了六年，明明作者群裡有些人都已經投身其他領域了，結果卻被兜在同一個框架裡面逃不出去。

每次接到類似的媒體諮詢，科學媒體中心都嘗試聯繫與PACE或作者群有關的大學、期刊、資助單位和醫學研究機構，希望它們能派出發言人參與討論。一方面就那麼幾個科學家受到窮追猛打實在可憐，若能幫他們減輕負擔再好不過，另一方面也是希望社會大眾和病患能聽見來自醫學界內部的聲音，大部分學者都支持這項試驗。合作者除了醫學研究委員會、健康研究管理局、期刊《刺胳針》之外還有以歸納發佈醫學實證聞名全球的考科藍國際研究網（Cochrane），我們請各方就療法證據做出評價，他們則表示對現有醫學研究的品質深具信心，駁斥了流傳於社交媒體或運動人士間的大部分批判。一位統計學家研究過PACE，她認為這是臨床試驗的良好楷模，已經拿去當作課程教材。偶爾我們很幸運能說服專家學者接受媒體訪問或發佈聲明，其中特別值得一提的是二〇一八年八月，醫學研究委員會新任執行主席費歐娜．瓦特（Fiona Watt）教授給《泰晤士報》寫了一封信為PACE辯護。她在信裡表示：

> 坊間觀點認為PACE試驗針對認知行為療法和管理式運動用於治療慢性疲勞症候群（亦稱作肌痛性腦脊髓炎）提供的科學證據不足為憑。作為PACE試驗的資助者，我們否定這種說法……PACE團隊遭遇巨大敵意，若其他學者因此卻步不再進行研究絕非幸事。唯有各方相互尊重，醫學研究才能蓬勃發展。

可惜多數情況下我們力有未逮，拒絕合作的理由雖然很多但也換湯不換藥：對他們而言優先度不足、他們不再資助那些研究者、他們認為有更適合的人選、他們轉向資助生物學研究、他們覺得自己與研究關係過近或過遠。有些機構在其他議題上積極發聲，一面對ME/CFS就不願表態。也有些機構說得非常直白，他們無心也無力因應必然遭受的反撲，別向媒體發聲才能落得一身輕鬆。怪不得他們，但不代表可以就這麼算了，這對當下和未來的科學爭議都是重要指標。

醫學研究界集體放棄就PACE進行媒體工作，反PACE運動人士卻繼續遊說各機構撤回對該試驗及其結論的支持。二〇一八年十月，路透社健康與科學記者凱特・凱蘭德（Kate Kelland）爆料：考科藍研究網遭到患者和運動人士投訴，準備撤下漸進運動療法治療ME/CFS的系統性文獻回顧。作者提出抗議，經過漫長緊繃的談判後雙方各退一步，作者會修正內容以強調現有證據侷限性，出版方則同意讓這篇文獻探討繼續留在考科藍圖書館內。險阻重重，這關過得並不漂亮。修訂後的文獻回顧依舊受到運動人士打壓，而學界則擔心此例一出後患無窮。飽受動物權利極端分子騷擾恫嚇的神經科學家科林・布萊克默爵士教授在消息爆出時就接受路透社採訪，他提出警語：撤回文獻回顧這個決策為科學證據樹立了令人擔憂的先例，而且「偏離考科藍過往的一貫原則——文獻回顧應奠基於科學與臨床證據……不該受到無憑據的觀點或商業壓力影響。」

二〇一七年九月，為了回應運動人士的持續訴求，英國國家健康暨照護卓越研究院（以下簡稱卓越研究院）宣佈審查ME/CFS治療指導方針。二〇二〇年十一月，該機構發佈指導草案，其中禁止漸進運動療法，也降低認知行為療法的順位。這些建議與過往截然不同，首先二〇〇七年版本曾經推薦這兩種治療，因為它們是「目前效果證據最清楚的處置手段」，再者新草案發佈時這些治療的有效性和安全性其實得到更多證據，包括有史以來規模最大的對照試驗。反對運動歡迎這份草案，許多人稱許健保署終於停止有害治療。卓越研究院原定二〇二一年八月十八日發佈最終版指導，一旦發佈之後除非個別患者有具體理由不適用，否則醫療專業人士便必須遵守。然而發佈前夕，根據媒體報導有三名委員表態無法簽名同意最終版本並因此請辭。三人均隸屬於國民健保署，參與或領導過與ME/CFS相關的重要業務。

接下來幾天，一般科醫學、兒科與兒童健康、內科、精神科四個皇家學院和多個醫學機構開始遊說卓越研究院，因為他們發現自己回應審查時提出的許多細節資訊並未被納入最終草案，主要爭議點在於審查中的證據基礎是否遭到操控，特別不利於認知行為療法與漸進運動療法，尤其一份支持漸進運動療法的考科藍報告直接遭到排除。據報導，健保署也表達了強烈意見，他們認為沒有替代方案就禁止療法十分不妥。預計發佈前夕，卓越研究院以異乎尋常的大動作在最後一刻喊停，並在新聞稿中表示：「由於最終指導方針在發佈之前的階段遭遇許多問題，我們需要時間進一步斟酌，接下來會與專家學者及患者團體進行對話。」

科學媒體中心詢問專家對延遲發佈有什麼想法。內科及傳染病科主治醫師阿拉斯泰爾・米勒（Alastair Miller）自一九九〇年代初開始照護ME/CFS患者，他承認爭議存在，但指出目前得到證據支持的仍然只有認知行為療法和漸進運動療法，禁止這些治療方式代表許多患者根本無法獲得任何治療。他對這個決定表示失望，而且憂慮「重點不在科學研究而是政治壓力」。醫學研究委員會愛丁堡大學人類遺傳學部門首席研究員克里斯・龐廷（Chris Ponting）教授則有不同看法，他認為醫界和患者都應該支持新版指導方針，因為內容是經過卓越研究院嚴謹審查後的「專家小組共識決議」。

各界回應有一點令我印象特別深刻，那就是雙方都認為卓越研究院偏離了標準流程、屈服於外界壓力。許多科學家和專業機構認為卓越研究院之所以進行審查並針對兩種療法是受到病友團體的壓力，但患者團體卻將指導方針不能如期發佈歸咎於國民健保署和皇家學院最終階段的遊說。後來卓越研究院在二〇二一年十一月十日召開圓桌會議，聽取各方意見之後發佈了最終版本，內容與草案非常相似：國民健保署將不再推薦以漸進運動療法作為治療手段，認知行為療法也僅可作為症狀管理的輔助。

我不確定卓越研究院有沒有從這團亂象學到什麼教訓。過去他們評估證據堅守中立客觀，也因此享有良好的國際聲譽，然而如今在部分科學圈子裡恐怕蒙了一層灰。這次事件之前，我有個朋友在卓越研究院的媒體組，她說雖然工作不錯但有時候很無聊，因為那裡所有決策都標準化和公式化，新聞稿裡沒有什麼揮灑創意的空間。然而社會大眾對卓越研究院的信賴源於這份嚴謹，相信他們能夠不偏不倚本著證據說話。至少我個人是如此認為的。

從病患運動團體承受壓力的並不只有卓越研究院和考科藍，與ME/CFS扯上關係的醫學研究機構幾乎都經歷過運動人士過分激烈以至於不合情理的遊說。偶爾會有少部分機構展現出勇氣，願意發表聲明或接受訪談，但多數情況下大家選擇低調行事避風頭，祈禱這些困境能自行消失。

科學媒體中心從二〇一一年起試圖喚起媒體關注ME/CFS領域裡研究人員遭到何種對待，希望激發科學界一致對外的意識，然而到了二〇一六年不得不承認這個計畫失敗了。我們曾經利用「人多勢眾」這個原理保護受到動物權利運動人士鎖定的目標，可惜這次沒有發揮同樣作用，認真說的話局面還比原本更糟。

不難想見這種負面環境會對積極參與研究的人造成寒蟬效應，也使社會大眾與病患無法從參與研究及照護的專家口中得到意見。這麼多年來，我常常對相關議題感到十分沮喪，印象特別深的是一位撰寫PACE更新報告的科學家擔心遭受反彈，竟然要求《刺胳針》媒體組不要公開研究結果。不接受採訪是一回事，出於恐懼而主動提議要藏匿新研究結果又是另一個等級。想必支持科學發展的人都無法接受這種情況。

而且我們團隊認為茲事體大影響甚廣。今天可以用這種手段壓制和抹黑特定科學家團體與特定證據，明天如何預防其他運動人士以相同手法打壓他們不樂見的研究結果？答案是我們還真的沒辦法阻止有心人嘗試——只能期待科學界團結起來，集思廣益設法對學者、證據、科學程序提供更多保護。

科學媒體中心不會偏袒特定的研究領域或支持特定方法。我們努力舉辦有關ME/CFS新研究方法的記者會，並期待資助機構能支持嶄新有前景的方向。ME/CFS也有生物學研究，我們與這些科學家一直保持聯繫，例如基因組研究DecodeME，或者收集患者樣本供研究用途的ME/CFS生物樣本庫。我們密切關注美國動態，並希望國家衛生研究院對相關研究挹注更多資金之後能找到突破口。目前發現ME/CFS與所謂「長新冠」後遺症有重疊，或許也會帶來進一步發現。媒體對長新冠較為同情，若能吸引新的科學家與資金進入相關領域也對ME/CFS病人有幫助。然而支持新研究方向並不代表就要詆毀現有研究，尤其ME/CFS很可能是不同症狀和病因的集合，需要多面向的處理、不同研究團隊從不同角度切入，也需要能夠暢所欲言的學術氛圍——學者不必心懷恐懼，大眾也不必擔心研究方向或療法之間是零和關係。對證據進行嚴謹批判是科學過程必要環節，但為了關閉特定研究領域或逼迫科學家離職而進行惡意攻訐則毫無益處，只會導致科學家不敢投身這個重要領域，因而妨礙所有研究路線的進度，最終權益受損的還是患者自己。

二〇一九年，路透社刊登了凱特・凱蘭德撰寫的ME/CFS重要專題，內容指出雖然運動人士只針對行為療法，但從事ME/CFS研究的科學家整體數量減少了，研究發表量也隨之下降。報導得出結論：運動人士的行為或許無意間適得其反，意圖詆毀的只有特定研究，但其他領域科學家見狀就不敢跳進來蹚渾水。挪威公共衛生研究所研究員莉勒貝絲・拉倫（Lillebeth Larun）博士曾參與考科藍的療法評論分析，她接受凱蘭德訪問時表示：「試圖限制、破壞、操控基於證據的結果，透過施壓或威嚇來誘導研究人員迎合或排拒某些結論……只會將研究人員逼去其他領域，於是急需幫助的病患能得到的資源更少了。」

我與ME/CFS科學家保持多年密切合作，從他們身上一直感受到對於病人誠摯的同情與憐憫。有些科學家繼續為病患提供臨床治療，我也見過病患感謝醫師幫助自己恢復健康。ME/CFS患者確實曾經遭受部分一般科、神經科醫師與媒體的不公對待，這不可接受、理應憤慨——但怒火不該燒錯對象，現在許多科學家正努力透過研究或臨床經驗來瞭解與治療疾病。儘管雙方有摩擦，我真心認為病友團體與科學媒體中心的合作科學家目標一致，都希望ME/CFS獲得醫界認真對待、協助患者理解疾病並改進治療方法。這場鬥爭對誰都沒有好處，我很期盼能看見落幕的那天。

一則以喜、一則以憂，固然ME/CFS是一個極其特殊的案例，但所涉原則並非如此。我真正的擔憂是醫學研究界的集體失敗，他們原本應該在爭論中挺身而出，公開支持科學家、捍衛研究成果、主張解決棘手疾病需要多方面研究彼此配合。這種挫敗有可能蔓延到科學的其他領域，將本章裡ME/CFS一詞替換為疫苗、氣候變遷、自閉症或斯他汀類藥物，應該不[93]難看出其中隱藏多大危險。我們需要科學家在媒體上毫無顧忌討論各種歧見，但圍繞ME/CFS的種種事件彷彿一個警世寓言——故事裡的每個人都是輸家。[94]

4 炒作、希望與混種[1]

人類與動物混種研究的論戰

二〇〇六年科學媒體中心耶誕派對上，我看見伊凡・哈里斯（Evan Harris）在人群中穿梭，心裡開始犯嘀咕了。他與一群又一群科學家、記者、公關人員交談，大家表情變得既激動又憂慮。哈里斯曾經執業從醫，但那年的身分是自由民主黨西牛津和阿賓登選區議員。他是英國國會裡極少數真正瞭解和關心科學的政治人物，也在下議院科學與技術特別委員會上十分活躍。由於他相當講究細節，有時執著得令人髮指，所以我很怕他會在酒吧裡拿出厚厚一疊委員會文件，只為了向我指出某個讓他不滿的小問題。不過我認識的科學界人士都很感激能有這樣一個人在國會倡導證據與理性的重要，所以二〇一〇年大選隔天得知他失去了議席時我失落感頗重。

他在派對上對大家透露一個消息：當天政府公開了《人類受精與胚胎法案》修訂版，但文字之間隱藏了一條細則，意圖禁止科學家研究人類與動物的混種胚胎。研究人員能藉由這

1　譯註：原文Hype, Hope and Hybrid是以英語頭韻構成的文字遊戲。

種胚胎瞭解疾病和開發療法，但社會大眾卻對這項技術極為排斥，因此布萊爾內閣便透過這個做法回應輿論。這對科學媒體中心是一次重要考驗，因為我們相信科學家能通過更大膽的溝通方式扭轉民眾態度。這次事件也確實成為科學傳播文化變革上非常關鍵的一刻。

創造人類與動物混種的想法源自運用胚胎幹細胞的研究。胚胎幹細胞是一種「空白」細胞，能衍生為各種專門細胞支持身體正常運作。科學家操縱幹細胞的獨特性質就能「養」出其他類型細胞，藉此研究疾病發展過程，測試藥物治療是否有效。成人幹細胞產出其他類型細胞的能力有限，因此科學家傾向從試管受精，但未植入子宮的卵子提取胚胎幹細胞。然而這個操作有其限制：首先受精卵供應不足，再者科學家只能針對一般人類細胞做研究，無法針對特定患者。

為解決這兩個難題，科學家開發了名為「治療用複製體」的技術，做法是從人類未受精卵子剔除細胞核（及其中的遺傳物質）之後代換為某個患者的細胞核。如此一來科學家便能夠創造出具有特定患者基因的幹細胞，進而培養與某疾病相關的專門細胞來研究與治療。

儘管取得未受精卵比受精卵要容易一些，但這方面研究的潛力太過巨大，最後還是供不應求。於是某些專家提議使用動物卵子製作治療用複製體，等同創造出人類與動物的混種。科學記者亞洛克．賈哈對流程做過解釋：

製造混種的過程中，動物卵子的遺傳物質會被完全清除，以人類細胞核取而代之。之後該細胞經過誘導分裂，最後成為早期胚胎。就遺傳學而言，混種胚胎有百分之九十九點五是人類……幹細胞位於早期胚胎內，可以提取出來用於研究。

實際探討人類與動物混種之前，我的一項早期工作便是確保記者能區分治療用複製體與生殖用複製體。英國早在二〇〇一年就已經明確禁止人類的生殖用複製體。科學媒體中心成立初期處理過一條大新聞：有人聲稱世界上已經有複製人了。那個年代，這種消息就算無憑無據也能輕易登上頭條。二〇〇二年的耶誕假期十分難忘，之前沒什麼人聽過雷爾教[2]，但他們忽然宣稱製作出史上第一個人類複製體，導致我為了收集專家意見沒得休息。雷爾教發佈消息的管道不是期刊也不是正式會議，而是在高級酒店房間舉辦記者會，公關氣氛濃厚但根本沒提出什麼實證。主流幹細胞科學家對這種趨勢十分不滿，所以二〇〇四年一月我籌備了致媒體的公開信，呼籲記者報導未經證實的複製人新聞時要更加審慎。新聞版面被誇大不實的報導佔據，連署公開信的學者擔憂外界留下錯誤印象，以為生育科學家都在爭先恐後搶

2　譯註：又稱為雷爾運動（Raëlian Movement），為幽浮宗教組織，主張地球生命出自擁有高科技與高智慧的外星生命體耶洛因（Elohim）。

著做出第一個複製人。像我信奉愛爾蘭天主教的母親就常常這樣認為，也對我辭去天主教援助機構的工作轉入科學界頗有微詞。那幾年裡，只要複製人新聞引起騷動她就打電話過來抱怨，一直強調科學家不該妄想扮演上帝，而我只能盡力解釋說自己合作的主流專家一致反對這類研究。

另一方面，治療用複製體仍是不得不面對的議題，所以我們開始聯絡科學家，其中有些人積極想要爭取輿論與政治上的支持。其中一位是伊恩・威爾穆特（Ian Wilmut）教授，他是愛丁堡大學羅斯林研究所的研究團隊領導人，因複製羊「桃莉」聞名。二〇〇五年二月，我飛往愛丁堡主持新聞簡報會，伊恩在會上向記者解釋他為何與倫敦國王學院臨床神經科學系主任克里斯・肖（Chris Shaw）教授、愛丁堡大學臨床生殖科學教授理查・安德森（Richard Anderson）教授以及愛丁堡大學再生醫學中心副教授保羅・德蘇薩（Paul de Sousa）合作，啟動以複製技術生產帶有患者基因幹細胞的研究計畫。

這次記者會後不久，我首次得知科學家有意以動物卵子取代人類卵子的可能性。提及此事的是發展遺傳學權威、醫學研究委員會國家醫學研究所的羅賓・洛維爾—貝吉（Robin Lovell-Badge）教授，他曾造訪上海某實驗室，當地科學家聲稱成功從兔子和牛的卵子生成胚胎幹細胞株。我想趕快與媒體分享這個最新消息，所以在二〇〇五年八月舉辦背景簡報會，邀請了洛維爾—貝吉教授、劍橋大學的安・麥克拉倫（Anne McLaren）教授以及倫敦國王學院的史蒂芬．明格（Stephen Minger）博士參與。

這次簡報會是我們試圖改變科學傳播文化的重要里程碑。當時既沒有新的研究成果或資金公告，也沒有因為使用混合胚胎而引起社會騷動，那為什麼要無端生事？如果沒有必要，不就只是提早給小報拿去大做文章而已嗎？在我看來答案很明確：科學家為了使用這種胚胎認真考慮申請監管批准，這種時候更應該公開解釋背後理由，以表明學者無意隱瞞研究內容、願意回答媒體提問並回應公眾關注。如此一來，記者先接觸到的會是科學家，而非「反墮胎」或其他反胚胎研究的單一議題團體。同樣重要的是：英國公眾因此能從科學記者獲得準確的報導，這是上世紀九〇年代基因改造作物事件中欠缺的環節。

結果媒體抗拒不了誘惑，還是冒出一些駭人聽聞的標題。不過這在意料之內，因為多數情況下記者不負責下標，常常導致標題和內文出現顯著差距。這次在標題下面的解釋慎重且精準，一些核心科學記者詳細瞭解了複製過程和生成病患幹細胞株的技術，於是也明白科學家為何無法從體外受精後剩餘的人類卵子獲得足夠細胞株。專家清楚解釋了使用動物卵子的優勢：無需讓女性經歷有風險的侵入性卵子採集，但研究還是能繼續。

最重要的是，這場簡報會證明主動迎向爭議的新策略可行。搶在爭議尚未開始的時間點，我們請科學家對科學記者好好解釋，於是英國社會獲得了人類動物混種胚胎的正確資訊。有些公關人員將這個做法稱之為「掌控敘事」，但我認為應該叫做「公開透明」。

因為這次簡報會，半年後我們得到另一次機會。英國有許多科學家關注治療用複製體，尤其對南韓科學家黃禹錫（Hwang Woo-Suk）教授的技術很感興趣。二〇〇五年五月，黃教授在《科學》期刊發表論文，描述如何取得帶有病患基因的幹細胞株。考量到當時美國幹細胞研究討論氛圍十分負面，我們有幸在英國為期刊舉辦記者會，吸引來自世界各地的記者。頂尖幹細胞研究者共襄盛舉已經令人很興奮，沒想到還有魁梧的韓國保安人員在辦公室門口站崗。不過那年耶誕節期間一樁醜聞爆發，有人指控南韓實驗室偽造了部分數據。我們立刻發表回應，但顯然英國的科學記者需要與科學家直接交流。當時第一位仿照黃禹錫教授做法的科學家是紐卡斯爾大學艾莉森・默道克（Alison Murdoch）教授，她也發表過論文說明如何從複製人類胚胎中取出帶有患者基因的細胞。媒體理所當然想知道南韓數據造假問題對英國科學家或整個研究領域會有什麼影響。

耶誕假期過後我迅速召集專家小組，盡可能邀請學者參與。記者會上，有人特別指名克里斯・肖教授，詢問他和伊恩・威爾穆特教授要從何處獲取卵子來源。肖教授回答：他們準備向人類生殖和胚胎管理局提出申請，未來會使用人類與動物的混合胚胎。此言一出當然鬧得雞飛狗跳（考量到使用的動物，或許該說是兔飛牛跳），成了隔天報紙上的重大消息。《每日郵報》說「複製技術團隊想用兔子卵子培育人類細胞」，《每日鏡報》更直接下標為「卵子變成兔子人」。

儘管有些標題太過聳動，我對這次的成果感到滿意。就媒體報導內容來看，科學家再一次成功以自己的語言講述自己的故事。這裡也凸顯出處理原則的差異：換作習慣迴避風險的公關主任，他們或許會認為這次記者會造成反效果，多年來不積極與媒體互動就是擔心報導出亂子。然而仔細想想，究竟哪兒有問題？科學家坦誠分享研究計畫，回應媒體激烈提問，仔細說明技術內涵，解釋相關研究為何能幫助學界應對現階段的不治之症，例如帕金森氏症、脊髓損傷和特殊的眼盲。這種主題橫跨醫學、法律和倫理，爭議與雜音無論如何不可免，也必然會反映在媒體報導之中。以為躲起來避風頭就能不受批判的想法太不切實際，最後會適得其反。

二〇〇六年，好幾支研究團隊向生育監管機構申請使用人類與動物的混合胚胎，於是話題重新得到媒體關注。靜待監管機構做出決議的同時，時間回到本章開頭的耶誕派對，伊凡．哈里斯拋出一個重磅消息：修訂後的《人類受精和胚胎法案》會禁止混合胚胎的研究。

接下來幾週忙碌不堪。收集情報之後，我們發現衛生部的立場十分薄弱，草草舉辦一次諮詢會取得民眾意見就直接禁止混合胚胎。合作科學家對此也有疑慮，因為諮詢會本來就很容易遭到壓力團體劫持。反對幹細胞研究的群體主要有三種，首先是基於宗教因素擔心科學家「扮演上帝」，再來是自稱「保衛生命」的反墮胎團體，最後還有些人擔心幹細胞研究始於不治之症，最後卻必然遭人濫用，例如複製人類或者「客製嬰兒」。

訴求特定的立場或結果，抑或是精準傳播科學知識？這兩者之間界線微妙，有時候還會模糊不清，例如《金色麥田》事件（見第一章）就曾經讓我懷疑自己有沒有走偏。然而受到混合胚胎研究禁令影響最深的是科學家和病友組織，聽過他們的意見之後就能明白茲事體大。科學家進行相關研究並不只為了滿足好奇心，也沒有自我膨脹到妄圖扮演神明，而是想要瞭解目前沒有特效藥，甚至沒有有效療法的疾病，例如肌肉萎縮症、失智症和運動神經元疾病。禁止混合胚胎等同於剝奪科學家瞭解疾病、測試新藥的管道，不能等閒視之。肖教授解釋自己為何參與研究時，說得十分好：「我在運動神經元疾病的診所工作超過二十多年，看過太多新藥測試卻從未見到真正的突破，病人通常在診斷之後的兩年內就會去世。」

我成立了媒體聯絡小組，進步教育基金會（Progress Educational Trust）莎拉·諾克羅斯（Sarah Norcross）將組織規模進一步擴大，成員涵蓋關鍵科學家及政策官員。這種協調模式在科學界可謂前所未見，最後結構有點像是戰時議會，各方人馬同心協力要推翻禁令。科學媒體中心的角色自然是接洽媒體，第一步就是將這個議題帶入媒體視野。當時發現禁令的新聞媒體一個都沒有，因為它隱藏在一份白皮書末尾，但白皮書主體是生育治療法規的重要更新，那些內容成功轉移了注意。我主張等到一月再行動，因為我一直認為耶誕季開始之後政治人物和民眾對新聞的關注會下降。後來決定在二〇〇七年一月開工第一天就舉行記者會，由關鍵科學家聯合起來對禁令提出質疑，並解釋為什麼研究會用到人類與動物的混合胚胎。

可是英國廣播公司醫療專題資深製作人、同時也是我所認識最優秀的科學記者之一瑞秋．布坎南卻因此不滿了。布坎南參加了科學媒體中心的耶誕派對，與許多科學家的交情不下於我，其中包括羅賓．洛維爾—貝吉教授和史蒂芬．明格博士，兩人的團隊都已經提出使用混種胚胎的申請。派對隔天，她在宿醉中醒來，決定盡快報導這件事。科學媒體中心的我們也在宿醉中醒來，卻得出相反結論，認為這條新聞必須先壓著。瑞秋打電話給洛維爾—貝吉與明格請求採訪，但我事前已經說服他們到一月記者會之前不對媒體發言。布坎南當然很氣，趁我在TK Maxx（英國零售商店）做最後一輪耶誕採購的時候打電話來，兩個人隔空朝彼此大呼小叫。她認為這條新聞並不屬於科學媒體中心，我們沒資格下封口令，更不應該阻止科學家接受英國廣播公司訪問，同時表示自己對相關議題的報導十分用心，我這種做法不可理喻。她沒有錯，但我也沒有錯，因為這已經不僅僅是一條新聞，也是史無前例的反擊，對抗政府打壓合理的研究領域。

為了對決策階層和社會大眾造成最大的震撼，我們必須確保這條新聞在同一天同一個時間出現在所有媒體渠道上，也因此限時禁發令是唯一的手段。限時禁發始終是種很有爭議的手法，尤其這次還是臨時做成的決定。政府禁止使用混合胚胎這件事情已經進入公領域，但科學家也有權決定在什麼時間、以何種形式讓外界知曉自己的反應。換作其他場合，我很可能鼓勵科學家接受獨家訪問，但這次並不合適。儘管公關部門與媒體記者常常關係緊密相輔相成，但衝突矛盾也同樣不可避免，這不會是最後一次。所幸布坎南最後能夠諒解，一月記者會還坐在最前排。

記者會限時禁發令在午夜解除，隔天醒來不只英國廣播公司第四臺《今日》節目強力放送，其餘媒體也都跟進了。《泰晤士報》頭版標題「人兔胚胎禁令妨礙醫學發展」，底下小標還強調「此舉恐粉碎阿茲海默病痊癒希望」，內文則說政府首長「屈服於宗教團體壓力」。《每日電訊報》標題是「混種胚胎禁令『威脅患者性命』」，《每日郵報》則說「科學家譴責政府禁止『嵌合體』胚胎實驗」。不只標題醒目，內文也十分精彩，大量引用科學家小組的言論，然後由科學記者提出簡單易懂的「解說」，充滿科學新知而非意識形態。很多報紙在主報導外追加額外篇幅，提供事實查核表格或相關技術的解釋圖片。一部分科學記者在報紙裡表達自身意見，例如《泰晤士報》馬克．韓德森（Mark Henderson）就指出禁令並不妥當。他的特稿標題是「部長們被新聞裡的『科學怪兔』嚇壞了」，內容提到這次媒體策略很特別：「英國科學家聯合起來譴責政府未經深思熟慮就進行過度管制的場面並不常見。」

接下來長達一年半期間裡，每個星期幾乎都有新進展。而我們媒體策略的一環就是確保科學家有足夠機會發聲，因此在各個重要場合都會發佈回應或舉辦記者會：人類生殖與胚胎管理局宣佈因應新禁令無法批准申請時、民意諮詢啟動和結束時、英國醫學科學院發佈跨物種胚胎調查報告時，科學與技術特別委員會發佈報告建議核准相關技術時，例子不勝枚舉。我們與醫學研究委員會、醫學科學院、惠康基金會、帕金森氏症學會（現稱英國帕金森氏症協會）等多個單位的媒體部門合作，每隔幾週就邀請大家到我們辦公室進行協調會議，通常選在下班後還能小酌幾杯。扭轉輿論方面，貢獻最大的或許是醫學研究慈善協會和遺傳利益團體（現稱英國遺傳聯盟）。這兩個組織代表從阿茲海默症研究基金會（現稱英國阿茲海默症研究會）到肌肉萎縮症運動（現稱英國肌肉萎縮症協會）共計超過兩百個致力於病患研究的慈善機構。他們的參與證明了病患十分支持科學家進行相關研究，有時甚至為記者提供引人入勝的個案故事。

混合胚胎研究合法化的反對勢力主要有天主教會，再來是幾個長期反對胚胎研究、複製技術及「客製嬰兒」的運動團體，例如「生殖倫理評論」和「人類遺傳學警報」。這兩個組織分別由約瑟芬・昆塔瓦利（Josephine Quintavalle）和大衛・金恩（David King）博士領導，規模不大且公眾支持有限，但在混合胚胎有關新聞持續的兩年內常常出現在報導內。但偶爾有記者表示取得反方回應很困難，因為這些標準「反對派」不接電話。

國會議員準備在五月對人類生殖與胚胎法案進行辯論，混種胚胎議題在政壇與媒體愈發重要，於是政治人物及教會領袖開始對大眾發聲。我與天主教會的關係有點複雜，家裡背景是愛爾蘭天主教，而且不像背景類似的朋友選擇徹底脫離那個環境。聖理查・格溫天主教高中培育出我的獨立批判性思考與強烈道德觀，加入科學媒體中心之前我也曾在英國天主教海外發展處工作七年，度過一段快樂時光。雖然不再是虔誠教徒，但我屬於前工黨部長克萊爾·肖特（Clare Short）所謂的「民族天主教徒」，對教會在社會正義及解放神學的立場頗有好感。不過即使小時候曾被母親帶去參加反墮胎遊行，我很快便在避孕、墮胎、試管嬰兒及胚胎研究這些問題的立場上和教會領導階層產生分歧。

起初以為天主教會無意參與混種胚胎的爭辯時我鬆了口氣，然而二〇〇八年一月某個週日狀況又變了調。那天我母親過來住，所以我帶她到伍德格林當地的教堂參加彌撒。想不到神父竟然宣讀了一封信，來自天主教會英格蘭及威爾斯主教團，內容提及人類生殖與胚胎法案和混種胚胎，但卻將過程曲解為以人類卵子和動物精子製造半人半獸的胚胎，並形容為「對人類尊嚴的根本侵犯」，最後則要求教區居民遊說議員對法案投下反對票。我大驚失色，將母親與年幼兒子留在長椅上，自己到外面致電明格博士、肖教授等幾位科學家，告知在教堂內聽到的消息並詢問他們意見。教會提供不實資訊誤導大眾實在令人憤怒，我打定主意要說動科學家做出反擊。當天英國所有天主教堂都宣讀了主教團的聲明，不過幾小時後科學家也進了廣播電臺播音室或接受報紙記者採訪，紛紛指出聲明中有多處謬誤。紐卡斯爾大學萊爾·阿姆斯壯（Lyle Armstrong）博士團隊當月剛獲准製作混種胚胎，卻很可能立即又被禁止。他指出：「實驗目的是探索以幹細胞治療人類疾病的方法，而不是培育什麼怪物嵌合體。即使技術上有可能也不符合科學及道德的考量，更何況法律早就嚴令禁止了。」肖教授則表示遭到「根本侵犯」的並非人類尊嚴，而是事實與真相。

二〇〇八年復活節期間，天主教會加大了反對力度。就在下議院投票前幾週，蘇格蘭天主教領袖基斯．奧布萊恩（Keith O'Brien）樞機主教利用復活節週日講道譴責了混種胚胎技術，還將其稱為「對人權的殘暴攻擊」。他形容這些實驗「好比科學怪人」、「怪誕」又「醜惡」。講道文稿事先就發佈給媒體，並於週五耶穌受難日全篇刊登於英國廣播公司網站。他的激烈言辭得到媒體大幅報導，佔據了整個復活節週末的新聞頭條，明格博士及洛維爾—貝吉教授也因此忙於接受採訪，明明是復活節卻幾乎沒有休息機會。

到了週六，利文斯頓出身的工黨議員吉姆．德凡（Jim Devine）上了《今日》節目。他是支持該法案的天主教徒，表示願意擔任中間人促成科學家與天主教會對話。我立刻打電話給湯姆．菲爾登詢問議員是否還在播音室。聽說他前腳才剛走，我要菲爾登追進走廊將人請回來。與德凡討論的結果是讓教會和科學家進行一場史無前例的公開辯論，主辦方交給惠康基金會，科林．布萊克默教授及彼得．史密斯大主教贊助，英國廣播公司為這次辯論製作一檔一小時特別節目在第四臺播出。活動結束後，布萊克默與史密斯都闡述了這場活動的意義，認為雙方有彼此聆聽、加深理解的空間絕對是好事。儘管未能化解雙方歧見，史密斯將其形容為「國家生物倫理委員會的典範」，布萊克默則補充說「幹細胞爭議走向兩極化對誰都沒有好處」。

那個復活節週末我做了另一件事：遊說醫學研究慈善協會提前公開進行中的連署信。透過連署信，協會代表的一百五十個醫學研究慈善機構將一致表態支持混種胚胎的研究。這封信籌備多時但尚未完全就緒，我主張復活節歧見新聞正少，是將信件內容發佈到媒體的最佳時機，也是對天主教會猛烈炮火的最佳回應。協會的新聞與政策經理態度謹慎，擔心倉促發布可能讓外界覺得只是公關操作，但她最終還是同意了。我將消息發送給媒體，要求大家限時禁發到復活節星期一，結果連署信得到大篇幅報導，尤其弗格斯．沃爾什在英國廣播公司《六點新聞》報了一次，居然在《十點新聞》又報了第二次，令人印象深刻。他對著鏡頭講話時身後螢幕不斷捲動，上面顯示了支持混種胚胎研究的慈善單位名單，從大家熟悉的英國癌症研究、英國心臟基金會到一些針對罕見疾病的小型機構。共計一百五十家機構的名單直到報導結束還跑不完，畫面衝擊性十足。

下議院辯論的前幾週，回憶起來瘋狂緊繃還略顯荒誕。這邊由科學家、公關人員與政策專家組成核心小組，大家在西敏宮的時間和在辦公室一樣多。我們盡可能與支持混種胚胎的議員互動，其中包括伊凡．哈里斯博士和時任公衛部長的唐恩．普里瑪羅洛（Dawn Primarolo）。這期間有個不太愉快的小插曲：德凡議員持續推動對話，常常預訂會議室供官員、科學家與部長交流意見。有一回他忽然要我幫忙，說自己的選區辦公室員工都太愛開玩笑，而我因為思慮不周便半推半就地答應他幫忙整人，在他指示下打電話到答錄機自稱是記者，想詢問選區辦公室費用報銷的問題。辦公室主任回電時語氣提心吊膽，我也招認了是德凡的指使，向對方保證一切只是鬧著玩。本以為這件事到此為止，想不到兩年後吉姆・德凡涉嫌不公平解雇進了勞動法庭，上述事件還成了對他不利的證據，我也跟著嚇壞了。科學媒體中心當時的主席彼得・科特格里夫（Peter Cotgreave）召開一次簡短會議，確認我與德凡的官司沒有實際關聯以後告誡我別再糊塗，我也謹記在心。二〇〇九年議員費用醜聞案爆發，後來德凡被判處十六個月有期徒刑，不得再度參選。

人類生殖與胚胎法案在下議院投票進入倒計時，媒體活動的規模不斷擴大。儘管直覺認為不妥，我也被人說服了，決定專門為政治記者舉辦一場簡報。科學新聞究竟應該由誰來處理在當時還是熱門話題，許多人認為基因改造作物及MMR疫苗的報導出現問題就是因為經手的人不是專業科學記者。此外新聞編輯部似乎有種傾向，認為科學新聞只能分為三類：恐龍、太空、或者填充版面用的奇聞異事。換言之，科學爭議引起政治家及評論員關注之後就不再視為科學新聞，會被轉交給政治線或一般的新聞記者。不過到了二〇〇八年，這種情況逐漸減少，編輯越來越尊重專業記者。有些人認為就是之前MMR疫苗的報導太多錯誤，新聞業界自主發起了改變。然而我沒能說服惠康基金會、醫學研究委員會等等機構的決策者，他們仍舊不相信混種胚胎新聞會由專業記者處理，擔心到了投票前夕編輯就會將這條線交到政治記者手中，所以我們需要對政治記者做簡報以確保報導內容準確無誤。

於是我籌備了一場在下議院舉行的簡報會，對象除了政治與國會記者，也包括專業記者。同時我還得說服科學家面對一群新面孔，好不容易這次媒體報導都很客觀準確，目標是要維持到投票當日。我花了好幾天時間努力聯絡政治與遊說記者，跟他們說出席簡報會的科學家也會是之後報導裡的主要人物。好笑的是簡報會當天開門一看，前排全都是老面孔，現場完全沒有政治線記者，只有與科學家對話了好幾年的科技和醫藥記者。這個現象進一步證明我的想法：科學記者在英國媒體界得到全新的地位，無論記者或編輯都不想將這個新聞交出去，畢竟政治記者對相關的技術或人物都知之甚少。

二〇〇八年五月十九日晚間，國會議員以壓倒性多數通過《人類生殖與胚胎法案》，而且學界的遊說已確保法案包含允許科學家使用「人類混合胚胎」進行研究的條款。用詞調整代表範疇更廣，人類與動物混合胚胎以及基因改造後的人類胚胎都能供作研究用途。當時的首相戈登．布朗及衛生部長艾倫．強生都表態支持，人類生殖與胚胎管理局也已經開始發放許可。幾乎所有全國性報紙都刊登了支持科學家的社論，天主教會完全未能說服社會大眾相信科學家正在進行駭人聽聞的實驗。這不僅是科學的一場勝仗，同時也大大證明了科學家發聲的意義。不少記者察覺到這點，例如《泰晤士報》馬克．韓德森特別撰文指出科學界文化有所轉變，促成以往胚胎研究領域欠缺的良好辯論。

後來我聽說一件事：知名歷史學家莉莎・賈丁（Lisa Jardine）博士即將接任人類生殖與胚胎管理局主席，但她在一場四百人參加的講座中表示混合胚胎辯論中，英國媒體的表現很可恥。我當時還不認識莉莎，聽了只覺得難過，於是直接寫信過去說這種評價不公正。的確，新聞標題常常聳人聽聞，甚至荒謬不堪，充斥「客製嬰兒」及「科學怪人」之類用語，報導中還有巨型兔子或牛頭人身的圖片。（《太陽報》曾經刊出女人身體接上牛頭的圖片，旁邊標題是「我有點牛」。）然而報導內文理性準確，經常包含事實查核表和簡單圖解，解釋科學的技巧比科學家還要好。而這正是關鍵所在：只要科學家願意提供協助，媒體就會展現出化繁為簡的功力，帶領廣大閱聽人走進科學的世界。從二〇〇五年解釋為何使用動物卵子的背景簡報會到政府意圖禁止相關技術、再到二〇〇八年五月獲得公眾及政治支持的結論，科學記者緊緊跟隨成就了一次精彩旅程。媒體確實發揮了關鍵作用，大眾獲得充分資訊，科學取得最終勝利。

這種結果自然不是所有人都滿意。二〇〇九年三月的法案回顧活動上，「生殖倫理評論」領導人約瑟芬・昆塔瓦利提出控訴，她認為科學媒體中心及其合作記者強佔媒體辯論的主導地位，導致其他聲音遭到排擠。完全不同的消息來源附和了這種說法：卡迪夫大學新聞學者安迪・威廉斯（Andy Williams）博士發表一項研究，顯示媒體報導帶有立場，傾向支持混合胚胎。面對這種批評，我一時間不知道該辯解還是該驕傲。過去類似的爭議性話題中，版面往往被擅於操作媒體的運動團體、影響力龐大的宗教組織與特立獨行的科學家壟斷，反倒主流科學家的聲音被邊緣化，沒有機會在辯論中解釋科學知識、糾正運動團體散播的不實資訊。科學媒體中心正是為此而生，創始人想要扭轉局面，還科學家應有的地位，但如今我們似乎因為做得太成功而遭到指責。

批評者的另一個錯誤是認為我們意圖縮限辯論空間。事實正好相反，我們無法阻止高度爭議或嘩眾取寵的報導，但可以將危機視為轉機，鼓勵科學家參與辯論並與大眾互動。常有公關人員在會議表示想讓批評者上不了版面，但我不以為然，就像我無意將天主教會排除在胚胎研究辯論外。如果最後主導風向的是科學家，那必然是因為環境變得比以往更加公平，媒體與大眾認為科學家的論述更可信、更有說服力。

然而我們做的究竟是科學傳播還是科學運動？兩者之間的界線很微妙。我也坦誠這類媒體工作已經踩在線上：極其重要的研究領域可能遭禁，科學家別無選擇搖身一變成為運動人士呼籲政策轉向，這時候科學媒體中心必須與他們同在。醫學研究界已有強烈共識要推翻政府禁令、開放胚胎研究，若非如此我們就會採取其他媒體策略。有時媒體還會刻意營造「虛假平衡」，在無視證據的前提下呈現正反論述，彷彿雙方勢均力敵，這是另一種我們不樂見的情況。

過去十多年裡媒體討論過其他類似議題，例如患有粒線體疾病的女性可以通過粒線體

DNA轉移技術生育健康嬰兒（媒體稱為「三親嬰兒」），或者針對胚胎進行基因編輯，剔除造成嚴重遺傳疾病的缺陷基因。現在大家相信英國的科學與醫藥記者能夠做出準確且負責的報導，與不到二十年前的光景截然不同——那時候沒有辯論，只有誇大不實的標題聲稱未來能夠客製嬰兒、科學家意圖扮演上帝。

美國記者查爾斯．薩賓（Charles Sabine）十分關注英國科學家在幹細胞研究方面的努力，這份興趣背後有專業和個人雙重因素。他父親患有亨丁頓舞蹈症，這種恐怖疾病通常從中年開始出現症狀，首先是抽搐和不自主動作、接著行為改變、最後陷入癡呆。亨丁頓舞蹈症是單一基因異常導致的遺傳疾病，所以查爾斯能預測自己的發病率是百分之五十。由於目前沒有藥物或療法，檢驗結果意義不大，許多和他一樣的人索性不檢查聽天由命。然而查爾斯還是在二〇〇五年接受檢測，結果呈陽性。二〇〇八年樞機主教歐布萊恩抨擊幹細胞研究時，查爾斯不僅已經目睹父親痛苦離世，還眼睜睜看著兄長也進入發病初期，接下來得與病魔掙扎大約十五年。後來他大量參與媒體訪談，從病人角度聲援法案。

查爾斯寫過文章描述心路歷程，內容提及二十一世紀初期胚胎研究辯論的媒體環境。他說當時以反科學陣營為大宗：「我發現自從十年前幹細胞研究進入辯論以來，主導議程的一直都是為反對而反對以及危言聳聽的人。科學家明明是進步的推手卻居於劣勢，被迫從社會的角落發出回應。」時至今日應該很少有人認為科學家是這種形象。

混合胚胎涉及到大量法律、倫理、道德和宗教議題，爭辯恐怕永遠不可避免，一個不小心就會引發輿論嘩然，導致科學家再也無法透過幹細胞研究人類疾病。所幸這次科學界反應夠積極，成功避免了一樁憾事。基因編輯、粒線體DNA轉移、人類與動物混合胚胎這些話題很容易變成聳人聽聞的標題，但媒體亂象不代表結局必定是大眾排拒新技術，本章的故事就是鐵證。只要科學家願意擁抱爭議、主動出擊，耐心對記者解釋研究內容，一定可以爭取到社會與政壇的支持。

5 解雇大衛・納特

科學的政治化

我花了好些年才理解幕後運作原理：科學家接受公家資金補助，也就與權力走廊[1]產生連結，所以他們在媒體上如何發言受到政府很深的鉗制。我還真希望自己能活在無知的快樂更久一些，因為一旦意識到就造成工作上很沉重的挫敗感。科學媒體中心的職責是協助科學家與媒體互動，為他們清除各種障礙，可是目前英國環境中最大阻礙之一就是政府本身，集中化的傳播體制會引發連鎖效應，最後對接受公費補助的學者形成干預。

這個問題頗為複雜，而且就如新聞節目常見的提醒：可能會有其他解讀方式。本章是我的個人觀點，而我不僅是個公關主任，同時也極力主張科學傳播應該與政府傳播徹底分家。在我看來這是基本原則，科學傳播就跟科學本身一樣不應政治化，也不該成為首相和部長們發佈政令的傳聲筒。如果科學家對媒體、對大眾說話時受到侷限控制，那就代表透明度仍舊不足。

1 譯註：英語慣用表達，出自小說，意指做出重大決策的政府高層。

二〇〇九年十月下旬，我開車載兒子德克蘭（Declan）去看電影的途中得知「藥皇」大衛・納特教授被解雇。正值學校假期，我之前想陪伴兒子的計畫常常被公事打亂，所以打定主意休一天安排了電影行程。在車流擁擠的倫敦北環路上，德克蘭幫忙接了同事電話轉告消息。我先是忍不住大罵幾句，然後請兒子幫忙通知一些人，告知對方我會盡快聯絡。接下來七嘴八舌很是混亂，德克蘭一度對《泰晤士報》馬克・韓德森說「馬克・韓德森遭到解僱」。我可是個認真的公關人員，雖然沒放棄與兒子看電影，但看一半偷偷溜出去了一會兒，與同事一起收集學界對此事作何回應。

納特教授是英國頂尖的神經精神藥理學家，專門研究影響大腦的藥物。二〇〇八年一月，內政部長賈姬・史密斯任命他為藥物濫用諮詢委員會主席，這個職位常被戲稱為「藥皇」。未滿兩年他就被解雇的消息其實不令人意外，早在二〇〇九年納特就曾經遭到史密斯公開指責，原因是他在媒體發表一項研究，內容指出統計上搖頭丸的風險與騎馬並無顯著差異。史密斯親上火線批評自己的毒品顧問，表示許多年輕人服用搖頭丸喪命，要求納特對家屬致歉。她還說：「納特在文章裡捏造事實，將違法的毒品與騎馬相提並論，我想絕大多數人根本無法接受。」

優秀的科學家當然並不會憑空捏造，而納特教授正好就是非常出色的科學家，多年來一直在媒體倡議奠基於實證的藥物分類標準。他引用許多研究佐證，強調非法藥物應該根據實際造成的危害進行分類，還指出酒精與菸草造成的危害比ＬＳＤ、搖頭丸和大麻更高。

賈姬・史密斯之所以駁斥納特，關鍵不在於研究方法或結論可信度，僅僅是因為他的研究成果不利政府推行政策，而且在一部分民眾和媒體之間極度不受歡迎。

內政部長要他向悲慟家屬道歉一事鬧上頭條，隔天納特也真的發表了道歉聲明。我對這個決定感到不解，因為大衛・納特又不是失言的政治人物，沒必要為了虛名勉強道歉。他是優秀科學家，應該在學術期刊上探討自己的研究發現。當天晚上我打電話過去詢問他為何道歉，納特解釋自己這麼做確實是為了保住藥物濫用諮詢委員會的主席頭銜，因為留在這個位子才有機會推動以證據為本的藥物政策。

結果道歉還不夠。時間快進到八個月後，即使從賈姬・史密斯換成艾倫・強生，內政部長與藥物顧問之間的關係依舊緊繃。轉折點是一場倫敦國王學院的科學講座，納特比較了幾種藥物的相對危害，其中包括大麻和酒精。他提出的證據都曾經發表在同儕審查的期刊上，以二〇〇七年《刺胳針》的論文為主，內容探討了大麻、酒精、菸草與更強效者，如古柯鹼或海洛因的危害規模。身為藥物濫用諮詢委員會主席，納特發表這類談話必須經過內政部審核，當時確實獲得了批准。然後距離講座幾個月，主辦單位在二〇〇九年十月將講稿以文獻綜述形式公開發表，這次卻被媒體盯上並引發群情激憤，也導致內政部長解僱他的決定。

早先賈姬・史密斯只是警告，納特也選擇服軟，這次職位都被拔掉了，他就不打算息事寧人。與此前和此後許多科學家一樣，納特學了個血淋淋的教訓：一旦得不到政府眷顧，曾經為自己服務的公關團隊（以此例而言就是內政部）不但不會出面維護，還會反過來百般為難。

而這也正是科學媒體中心上場的時刻。不只爭議科學登上了頭條，還凸顯科學與現行政策有衝突時就會被當作犧牲品。此外，毒品相對危害的辯論從學術期刊走入新聞頭條，這個領域的科學家終於有機會面對廣大群眾，否則相關研究幾乎不可能搶得到頭版版面。

解職後幾小時內，納特連番受訪為自己和研究做辯護。但想訪問他的人太多，我便安排場地讓記者們可以直接聽他說話。英國的科學與醫藥記者擠滿房間，現場氣氛緊張刺激。教授遲到了，入場時氣喘吁吁、有些焦躁，連稍微聊個天或喝杯茶放鬆的時間都沒有，隨我穿過記者群站上講臺以後立刻忿忿不平地問：「《每日郵報》的記者在哪兒？」說完手裡揮起一份當天報紙，上面的專欄文章出自惡名昭彰的反毒運動人士梅蘭妮．菲利普斯（Melanie Phillips）之手。整場記者會上，納特屢次批評《每日郵報》那篇文章有好幾個錯誤。當天《每日郵報》派來的代表是大衛．德比夏（David Derbyshire），作為科學記者名聲很好，而且當時才剛從《每日電訊報》轉到《每日郵報》。我幾次試圖澄清誤會，強調梅蘭妮．菲利普斯是專欄作家而非科學記者，但那時候納特還無法理解其中的細微差異。事後我問德比夏心態是否調適得過來，畢竟文章不是他寫的，卻是他在公開場合被斥責。結果德比夏苦笑說：「嗯，費歐娜……他一定沒有自我懷疑的困擾，對吧？」後來我們常用這句話形容遇到的一些知名科學家。

納特被炒魷魚，藥物濫用諮詢委員會有兩名成員非常生氣，馬上辭職表達抗議。媒體報導越演越烈，科學家也擔心牽連甚廣，紛紛將目光轉向政府首席科學顧問約翰・貝丁頓（John Beddington）教授以及科學部長德雷森勳爵，希望兩人能夠出面說明。事發時德雷森人在海外，一回國就面臨公開表態的壓力。他打電話過來，問我能不能在十分鐘內到達下議院辦公室，我一口答應就去了。還記得一走進去就看到五六個穿著西裝的年輕人，年齡應該不到我一半，對勳爵居然找我這無名小卒商量似乎非常不開心。我猜測他們就是所謂的特別顧問，來自內政部、首相官邸與內閣辦公室。德雷森當他們不存在一樣開始解釋：特別顧問群建議他不要公開批評內政部長，否則可能有損自己在政府中的地位，之後若要以科學部長的身分推動事務也會得不到內閣支持。我認為我的回答在他預料之類（毫無疑問也是他的心聲）：學界與大眾都期望聽到他的說法，而且此事涉及更高層次的原則，也就是獨立科學顧問應當享有發表研究的自由，無需忌憚自己是否與政策或輿論站在同一邊。

當我回到辦公室，《泰晤士報》馬克・韓德森已經在推特發文。德雷森接受了他的採訪，不僅對納特表示同情，還批評內政部長強生未能與政府同僚進行充分溝通。後來《泰晤士報》的報導引用政府內部人士說法：「艾倫・強生面對艱難決定……同時德雷森勳爵卻在日本度假玩車，內政部長想徵詢意見也並不容易。」呵！

僅僅幾週時間納特就成了家喻戶曉的人物。他積極接受採訪，表達熱情而清晰，成功在公關戰中勝過政府。又過了幾個月，我參加一場公開會議，有五百人擠進會場只為了聽他說話。在我看來，納特教授明白如何化危機為轉機，利用解職新聞令自己聲名大噪。既然政府容不下他，他就轉而面向更廣大的群眾，繼續推動本於證據的藥物政策。

然而也並非所有科學界人士都站在納特這邊。有些人認為他被解職是註定的，因為他不同意證據為政策服務但不能夠凌駕政策，還有人的詮釋是政治家說話不可能只有科學一種語言。我的立場恰巧與一些人引用的邱吉爾名言差不多：科學建議之於政府應當是「指導而非主導」。我認為民選政府制定毒品政策（或任何政策）時可以基於多方面意見，包括警方、毒品工作者、選民、甚至《每日郵報》，換言之政治人物確實有權力不遵循科學，但這不代表科學顧問發表與政策有矛盾的證據時就該被撤換。馬克．韓德森有一本很精彩的著作名為《怪胎宣言：科學為何重要》（*The Geek Manifesto: Why Science Matters*），他在書中強調一點：政府與科學顧問若是意見相左，關鍵就在於透明。政治人物有權拒絕科學建議，前提是讓科學建議得到發表，並解釋自己為何得出不同結論。

科學界一部分領軍人物私下對納特的做法表現出強烈敵意，我一直好奇箇中原委。幾年以後，一位政府內的好友勸我帶科學媒體中心做出抉擇，如果想對政府政策發揮影響力，那就不能公開批判政府政策——這兩者不可得兼。他的解釋是：通常只有私下表達關切的人，才能夠被政府視為「值得信賴的盟友」。

我很討厭這個觀念。有人提出建設性批評、提出政策改進的方向，政府就不能與他們維持良好關係了？然後具有重要公眾意義的辯論一定得在閉門會議中進行？我認為毒品政策的公眾辯論不至於容不下一個想讓科學「主導」政策的耿直科學家。而且照道理說，不同觀點彼此碰撞會擦出更多火花，對所有人都有好處才對。此外有一點讓我很遺憾，那就是批評納特做法的人絕大多數不願意提供評論意見給科學媒體中心。就這個案例而言，倘若我們收集的學界反應看起來有一面倒趨勢，部分原因就在於批評他的學界中人根本不願跳進來。

獨立科學顧問遭到解職引發了另一個層面的問題：各個科學諮詢委員會與政府之間究竟屬於何種關係？之前我一直很讚許英國政府的做法，各個部門邀請獨立科學家組成為數眾多的諮詢委員會對政策提出建議，涵蓋範圍從空污到農藥應有盡有。可是與學界互動後不久，我發現這些科學家雖然能在實務方法與建議內容上保持高度獨立，對於意見如何傳達卻幾乎毫無置喙餘地，通常只能經由政府部門公關室發佈到媒體或民間——但公關室主要職責是配合長官的政令。

為了不讓納特事件白白浪費，我找到「科學智識」組織（Sense About Science）總監崔西·布朗（Tracey Brown）、當時自由民主黨科學發言人伊凡·哈里斯博士以及醫學研究委員會前任主席科林・布萊克默教授等幾位合作，大家共同起草了一套關於「如何處理獨立科學建議」的新準則，並獲得二十八位知名科學家背書支持，其中包括現任與前任獨立專家諮詢委員會主席。

隨後貝丁頓教授與德雷森勳爵宣佈就獨立科學建議的相關準則進行審查。原本政府對於諸如藥物濫用之類的諮詢委員會就有制訂實務規範，如今內容經過修訂並加入新條款。徵詢過程中我一直倡議諮詢委員會應配置獨立的科學宣傳人員、對外通訊也要與政府切割，可惜修訂版稀釋了這個重點，也導致與政府脫鉤只能是特例而非常例：

> 科學諮詢委員會通常經由贊助機構的新聞辦公室獲得建議及支持，但若事涉可察覺或已確認的獨立性問題時應考慮尋求獨立的媒體建議。

我對科學諮詢委員會的顧慮沒獲得重視，理由是委員會各有不同構成、彼此關係錯綜複雜，我還沒沒能掌握到精髓。但那些差異太過模糊籠統，很少有政府外的人能真正理解，對公眾來說更是毫無意義。倫敦政治經濟學院一個團隊在二〇一七的研究中嘗試列出清單，卻發現很難確定諮詢委員會存在的數量和各自職能。他們估計二〇一五年全政府大約有八十三個諮詢委員會，但何為諮詢委員會並未得到明確定義，這類組織從名稱到結構、從角色到成員資格都讓人看得眼花繚亂。

為每個委員會單獨制訂規則顯然不可行，這是現行規範不太容許他們自己任用公關人員的原因之一。然而科學建議能夠進入大眾與決策者視野才符合公共利益，我們應該從大原則肯定這一點，其實也只需要簡單的一句話而已，例如：「獨立的科學諮詢委員會可自行決定發佈建議的時間及形式。」

有兩項重點要補充。首先，我提倡的並不是各行其是為所欲為（一位政府公關形容是「讓政府顧問上媒體胡說八道」）。如果科學家的背後有資深科學通訊人員，想必會在媒體上表現出負責的態度，也能與政府部門保持聯繫，對於這件事情我們應當有信心。再者，上述意見的目標並非白廳[2]既存的首席科學顧問團，他們其實算是另一種形式的公僕，倘若願意定期與公眾對話我會樂見其成，不過如此一來他們很難得到政府信任。問題是同樣邏輯不該適用於進入獨立諮詢委員會的大學學者，這才是我努力訴求的改變。

2　譯註：白廳（Whitehall）是倫敦西敏內的一條大道，為英國政府中樞所在地，所以常用來代指英國中央政府。

＊

針對毒品的獨立科學建議導致政治與科學之間發生角力，大衛．納特事件並非第一次。紐卡索大學臨床藥理學教授麥可．饒林斯爵士（Professor Sir Michael Rawlins）擔任藥物濫用諮詢委員會主席許多年，二〇〇八年時委託科學媒體中心為委員會舉辦記者會。他認為會議環境越獨立則委員會本身也能越獨立，可以因此吸引到更多科學與健康的專業記者參與，而不是僅在內政部活動現身的內政部記者。我們接下工作時滿懷期待，後續的現實卻令人幻滅。內政部的公關官員完全不認識我們和科學記者，卻一手主導了會議時間安排、專家小組成員、會後接受訪問的人選、邀請的記者以及其他各種細節。我們努力抗爭，最後一小時的記者會勉強過得了關，不過事後發現參與這類活動會損害科學媒體中心的獨立形象，也就因此不再繼續。

政府對新聞發佈會的某些標準規定很荒唐，往往惹惱記者。許多會議「不公開」，換言之記者明明受邀了卻不能報導。有些「公開」但「禁止攝影」，我曾質疑邀請記者卻不准拍攝是何故，內部解釋是若記者會出了差錯會被攝影機記錄下來，他們不希望畫面流出讓部長看起來很蠢。我先指出參加的是科學家而非部長，然後強調現在已經是數位時代，「差錯」以文字或錄音形式同樣能散播。他們不為所動，堅稱「規定就是規定」。另一項規定是專家小組科學家可以公開發言一小時，一小時過後若沒得到部門公關室批准則絕對不可受訪，而公關室通常會隨便指派一個小組成員作為代表，記者的需求不在他們考慮範圍內。有一次英國廣播公司第四臺《科學內幕》（*Inside Science*）節目主持人亞當·盧瑟福（Dr Adam Rutherford）博士非常生氣：專家小組內有位科學家才剛解釋過動物研究，他過去只是想做個幾句話的簡短訪問，卻硬生生被內政部公關官員攔下來說不准就是不准。

政府公關還有一個陋習：下了限時禁發令，卻又自己犯規將新聞「透露」給週日報紙。我們為擔任政府顧問的科學家舉辦幾次記者會都遇到過類似情況，結果就得面對滿房間殺氣騰騰的記者。人家乖乖守規矩，制訂規則的人卻明知故犯。更奇怪的是結果幾乎都會適得其反，因為週日報紙拿到獨家新聞一定會大肆炒作，但政府公關似乎從未對此進行檢討。有一次他們弄巧成拙，我看了還挺開心的：政府科學辦公室（Government Office for Science, GO-Science）統籌的前瞻報告（Foresight reports）融合數百位英國頂尖科學家的專業知識展望未來，我們常常有機會代為舉辦記者會。二〇一三年，土地利用報告的記者會委託我們執行，條件說得清清楚楚是不得提前向週日報紙透露內容，但我卻接到一通出乎意料的電話——《觀察家報》記者羅賓·麥基（Robin McKie）說政府內部洩漏消息給他了，即使他能理解我的不滿，但總不能錯過獨家機會，所以我們週一才舉辦記者會已經太遲，星期天就會有報導。只不過後續對話中，我也正巧提到政府公關的態度，他們不希望記者會內容聚焦在基因改造作物上。於是我和麥基有了默契，週一記者會避而不談的事情就讓《觀察家報》深入探討一番。後來政府公關心情很悶。

還有許多事例中，政府公關人員嘗試阻撓科學建議得到公開。另一份《前瞻報告》討論心理健康，首相特別顧問擔心記者留意到其中有一章描述緊縮政策與心理健康惡化的關係，於是三番兩次延後新聞發佈會。首相宣佈增加阿茲海默症的研究預算，政府公關擔心這時候發佈動物研究報告會在訊息上有衝突，於是要求延後後者的發佈時間（我指出阿茲海默症研究幾乎都要用到動物，但他們聽不進去）。科學媒體中心為西里爾・錢特勒（Cyril Chantler）教授舉辦記者會，主題是樸素的香菸包裝對銷量有何影響，這次反過來被要求提前好幾天，而且地點從我們辦公室轉移到西敏宮，只因為衛生部在當週需要有新聞幫忙轉移焦點。克里斯・艾略特（Chris Elliott）教授針對二〇一三年馬肉醜聞案做了獨立調查，媒體興致勃勃，DEFRA（環境、食品暨鄉村事務部）卻說最好別辦記者會，還列出記者名單希望他在發佈當天避免接觸——教授沒理會這個建議。

上述案例乍看之下並不算誇張，我也從未聲稱政府封鎖或操弄了獨立科學建議或報告內容，但若考慮到科學證據是否得到獨立傳播，這種情況並不理想，是有意圖的政治化行為，會削弱科學與政府的分界，導致研究人員立場尷尬，即使想要向大眾發表研究成果也常常無法挑戰政府官員。我持續倡導科學與政府在傳播上要有明確區隔，但在這方面從未取得實質進展。疫情期間感受尤為強烈，因為大學學者提供的科學數據得經過政府公關「管理」，而公關部門又積極確保科學證據與政府想要傳達的「訊息」同調。這個現象之後還會進一步討論（詳見第十一章）。

另外，我始終無法相信這麼強烈的控制慾望對政府真正有利。既然讓獨立科學家參與複雜敏感議題的政策制定對政治家也是好事，為什麼要藏起來不讓人知道？與政府公關無數次的爭論中，我常常引用年度《益普索莫里信任指數》（Ipsos MORI Veracity Index）。調查顯示科學家享有極高的大眾信任度，支持率多半超過八成，而政府則徘徊在榜尾，支持率不到兩成五。我深信如果打破現有系統、採取不同做法能使所有人受益，可惜尚未遇見願意挑起這份重擔的人。二〇二一年五月，健康與社服、科學與科技兩個特別委員會聯合召開新冠調查，唐寧街[3]前幕僚長多米尼克・卡明斯不僅提出了爆炸性證據，還指出政府內部對於公開透明存在著根深蒂固的反感。他認為如果當初緊急情況科學諮詢小組的運作及資料都能接受公開審查，英國應對疫情的成果應該會更好。

過去十多年，我們對於現狀的挑戰偶爾也能獲得勝利，但通常是因為獨立科學委員會的負責人願意站出來。二〇一五年，保羅・納斯爵士（Sir Paul Nurse）在BEIS（商業、能源暨工

3 譯註：首相官邸所在，因此也代指首相或首相辦公室。

業策略部）請求下對英國各研究委員會做了一次審查，並且將記者會交給科學媒體中心主辦。準備期間策略部提出一連串荒唐要求，我拒絕後，同時都將郵件副本發給爵士，而他總是淡淡回答「照費歐娜說的辦」，對方也就不再繼續刁難。可惜這麼順利的情況少之又少。

在一個罕見的單獨個案中，獨立科學諮詢委員會徹底逆流而上。二〇〇二年科學媒體中心成立之初，皇家環境污染委員會（Royal Commission on Environmental Pollution）是最具影響力又敢於直言的科學諮詢機構，當時主席為湯姆．布倫德爾（Tom Blundell）爵士教授。二〇〇六年，他的繼任者約翰．勞頓（Professor Sir John Lawton）爵士教授邀請我前往白廳農民俱樂部在晚宴上與委員會交流，他們表示自己從不允許DEFRA代為發佈報告。確認科學媒體中心具有獨立性之後，這份工作就落到了我們身上。我常常將這個例子當作證據：獨立的科學諮詢委員會可以不受到相關政府部門干預，以獨立的方式自己向媒體發佈科學建議，這麼做天不會塌下來。只可惜二〇一一年該委員會成為所謂「半官方機構之火」[4]最有名的受害者之一。資深環境記者查爾斯．克洛弗（Charles Clover）在《星期日泰晤士報》向他們的獨立思想致敬，同時也暗指委員會就是因此被關閉。這種發展讓我的倡議又少了一分

4　譯註：二〇一〇年，英國政府宣佈為節省開支即將裁撤大量半官方機構（最終達到一百零六個）。此事在媒體報導中被稱作「半官方機構之火」（Bonfire of the Quangos），典故是焚燒書籍、化妝品、藝術品（皆象徵虛榮）的「虛榮之火」宗教事件。

力道。

經過了大衛・納特解職事件，也修改了委員會的實務規範，但情況沒有太大改變，部分原因在於進入委員會的科學家主要關心建議是否得到採納、是否有助政策制定，對於研究結果如何進入公領域並不特別感興趣。其中一些人認為自己的主要職責是為政府部門提供建議，服務對象並非社會大眾，所以能夠接受無法自由對媒體發聲的限制。有些人想法與我接近，然而他們也不願冒險與部門內特別有影響力的媒體顧問起衝突，畢竟最終目標是希望政府接受自己提出的意見。

二〇一四年九月，我覺得這方面沒有任何進展，沮喪之餘在部落格寫下〈困獸之鬥？〉（A battle too far?）詢問科學界是否該放棄。進入收件箱的回答響亮又清晰：我們要繼續奮鬥。我列印出大量電子郵件並進行匿名處理，然後要求與資深政策顧問、當時的政府科學辦公室主任克萊爾・克雷格博士（Claire Craig）會晤。支持改變的證據將牛皮紙袋塞得鼓脹，我帶著它走進維多利亞街上看來毫無靈魂的政府大樓。我為會談預留一小時，但實際上不到十五分鐘就結束，連會議室的燈都沒來得及打開。克雷格博士說：一個是科學建議得到政府聽取與認真對待，另一個是科學建議透過媒體清楚傳達給大眾，兩者只能擇一，而她永遠都會選前者。我問為什麼不能二者兼顧，她只說現實就是如此。事後我與政府科學辦公室裡的朋友聊到這次會議經驗，他一副很懂的模樣說：「嗯，是無咖啡會議呢。」

*

還有一群科學家也無法如我期待的那般暢所欲言，他們在政府名下的實驗室或附屬機構工作，由於受到政府直接僱用所以實質上是公務員，總數有好幾千人。這類單位的例子有英國公共衛生部旗下的輻射、化學與環境危害中心，DEFRA旗下的動植物衛生局，衛生部旗下的生物標準與控制研究院等等。多數人根本沒聽過，自然也不知道它們負責什麼又如何影響大眾生活。其實這些單位也會公開研究報告，理論上來說誰都能夠閱覽，但現實是多數人不知道如何取得、沒有能力讀懂專業研究，而記者也沒有時間和心力去閱讀、調查與詮釋這麼多東西，尤其資料並不會主動送上門。我曾經挑了個週五下午給科學記者舉辦猜謎大會，將這類型政府科學單位列成長長的清單，要大家說說看自己聽過的有哪些。不出所料，很多人都沒發現政府成立大量單位針對當前的爭議性話題進行關鍵研究，像疫苗安全、電子菸、動物健康都在名單上。

不能說這些單位的科學家從來不對媒體發言，其中一小群還是有露面，但情境受到嚴格管控。由該單位公關小組指派為發言人的科學家需要處理很多媒體事務，遭遇危機時更明顯，但容許他們談話的幅度在一般人眼中絕對談不上自由開放，譬如記者沒辦法直接打電話問問題，科學媒體中心也不能將他們加進人才庫。即使有機會邀請政府科學家到記者會上講話，政府部門的公關人員會立刻抱怨我們沒走正式管道。但真的走正式管道會覺得是白費功夫：多年來我們一直請公共衛生部派講者來解說諾維喬克毒氣、萊姆病、茲卡病毒、疫苗、營養等諸多主題，卻總是遭到對方回絕。

這些單位的發言人進行媒體事務時一定得透過中央公關團隊，而中央公關團隊又與各單位所屬的政府部門公關室保持密切配合，所以訪談前就會先決定好核心訊息甚至用字遣詞。什麼主題交給什麼單位是由政府部門做決定，與各單位的專業未必直接相關。政府曾經告知我們發生水災時不要請教氣象局的洪水專家，因為「氣象局只負責降雨的部分，水到了地上就改由環境局接手」。

儘管我努力想將科學家從政府的通訊管制解放出來，但這也成為我在科學媒體中心的生涯裡最大的挫折。二〇一八年，我們發現人才庫內的毒物學家名單必須更新，中心剛成立時接洽過的幾位漸漸轉為榮譽職（給退休學者的頭銜），恐怕不會跟上最新的研究進度。

後來經由英國毒物學會發現一件事：因為各種不同理由，國內的毒物學研究絕大部分都在政府實驗室進行，其中以公共衛生部旗下的輻射、化學與環境危害中心為最大宗。一位學會成員正好也是該中心的資深主管，他邀請我去對裡頭的科學家發表演講，意思是我可以趁這機會招募新學者進入人才庫。日期決定之後我好好準備了講稿，內容包含許多個案研究，結論是毒物學家應該多與媒體互動，藉此增進大眾對這個領域的瞭解。距離活動還有兩天的時候，公共衛生部新聞辦公室得知消息，要求我將投影片送去接受審核。我表示願意配合，但不會做出任何修改。沒過多久，主辦人捎來通知，活動形式改變了，會有一位該中心的公關主任緊接在我之後發表演說。我那時覺得無所謂，還挺高興對方也有公關主任，想著可以認識一下。

抵達活動現場，我被講廳內的聽眾人數嚇了一跳，估計超過兩百人，而且工作人員還告知這次演講會直播到國內其他單位。頓時間我有種小孩開大車的感覺。雖然對著很多人說話我總是心慌，但這次起頭的表現還不錯，卻沒想到那位內部公關主任聽一聽發出大聲嘆息，而且他就坐在講臺上，跟我距離很近。我的主旨和範例圍繞同一點：只要科學家多與記者互動，媒體報導就會更加客觀精準。我坐下以後，嘆氣那位跳起來講話，重點與我正好相反。他提出很多科學家說錯話或被記者出賣的悲慘案例，強調公關部門會處理媒體事務，並要求隸屬於公共衛生部的科學家在對外之前一定要經過他或中央通訊團隊。

公共衛生部或其他政府組織的公關主任直到現在都是同一套說法。他們認為政府科學家並不想對媒體發言，各種管制措施也是為了保護科學家自己。我相信無心於媒體事務的科學家是多數，但不會是全部。何況公關部門先入為主認為上媒體太危險、可能造成反效果，科學家聽到自家公關人員不鼓勵、不支持當然也就沒了興趣。後來我有機會到DEFRA旗下的食物與環境研究局做一次類似演說，幾位科學家提到他們入職時其實就被公關團隊提醒過：

絕對不要有讓環境官員下不了臺的公開發言。問題在於他們又不是政治人物而是科學家，而且我們生活的地方不是中國而是英國。

政府對科學家的言論管制在二〇〇七年一度受到全球矚目。當時的加拿大總理史蒂芬・哈伯建立新制度，聯邦科學家未經授權都不得對媒體發言，此舉受到國際社會譴責，如《自然》等科學雜誌都以社論表達不滿，當地科學家也舉辦抗議活動，包括為「證據之死」舉行假葬禮等等。二〇一五年，賈斯汀・杜魯道贏得總理大位之後很快解除限制，然而這場全球話題之中似乎沒人意識到同樣制度在英國行之有年。

政府對公費科學單位的限制還有一個層面很棘手，那就是特別顧問的崛起。執政黨在政府內部四處安插特別顧問的習俗約略可以追溯到布萊爾與布朗兩位首相，新工黨背景的他們在野太久，無法信任服務保守黨長達十八年的老公務員和舊公關團隊，於是找了自己人進去當顧問，其中就包括阿拉斯泰爾・坎貝爾和查理・惠蘭（Charlie Whelan）。特別顧問有別於中立的公務員，他們一開始就帶有政治色彩。後來卡麥隆首相的顧問是安迪・柯爾遜（Andy Coulson）、強生首相也有多明尼克・卡明斯也不例外。但除了這些特別有名的顧問之外，其實每個政府部門都有自己的媒體顧問，與體制內的公務員團隊維持亦敵亦友的合作關係。之所以解釋這麼多，是因為帶有政治色彩的顧問制度影響力十分巨大，已經影響到獨立的科學通訊。

新冠疫情期間就有一個例子。某位頂尖科學家應邀協助政府，並且在《刺胳針》上做了發表，但BEIS公關室卻說她不可以就論文內容接受媒體採訪。這位科學家不服氣提出質疑之後被帶去見了李・凱恩（Lee Cain），他不僅是強生首相辦公室的通訊聯絡主任也是一名特別顧問。凱恩承認決策來自於他，表示這位科學家出現在訪談的次數已經超過多數部長級人物。我指出李・凱恩根本不是體制內的通訊主任而是政治顧問，科學家聽了卻分不出差別，只知道對方有權做決定，所以她就不接受訪問了。還有一個案例是公共衛生部的公關人員提供：疫情期間有許多新的科學資料發佈，但這些資訊如何傳播並非由政府各部會協調商議，反而多半直接從首相辦公室的媒體顧問下達指令，過程中沒有任何解釋或討論。科學知識夾在政府通訊體制內已經夠令人擔憂，現在連資訊如何傳遞給大眾也遭到管控，尤其掌握權力的人並非傳統公僕，行政中立原則對他們而言根本不適用。

持續有挫折感的另一個理由是沒能拉攏到記者與我同一陣線。每次提起這些事情，記者們會先表現出短暫的憤慨，偶爾還會思考可以怎麼報導，但想到最後又會覺得政府公關是控制狂太過「人盡皆知」了。儘管我很希望得到記者的支援，但我也能夠理解他們的立場：一般而言，記者每天要趕出三到五篇文章，而且透過我們或其他公關室還是能聯絡到科學家，他們實在沒有時間參與曠日費時又看不見盡頭的抗爭

唯一例外是英國廣播公司的帕拉卜・戈希，他也致力推動政府科學家與媒體互動。戈希

與多數英國廣播公司記者一樣涉獵廣泛，但長期關注科學與政治的交會。我們在處理「擬白膜盤菌」這種自然災害[5]的新聞時成了並肩作戰的好夥伴。

森林研究局也隸屬於DEFRA。資深科學公關黛安・史蒂維爾（Dianne Stilwell）出任該局通訊主任，這類局處聘請具有科學公關背景的人並不常見，她和我都很期待有機會合作將出色的森林學者推向媒體。不久之後，擬白膜盤菌侵入英國，科學媒體中心舉辦緊急背景簡報會，請史蒂維爾幫忙安排森林研究專家出席。出乎意料，她居然說服了DEFRA，為我們邀請到森林研究局內的首席病理學家——瓊安・韋伯（Joan Webber）博士是英國國內資歷最深的樹木疾病專家，座談表現十分精彩，還答應接受英國廣播公司後續一連串採訪，簡報會之後就隨帕拉卜・戈希前往英國廣播公司廣播大樓與製作人會晤。好戲從這兒開始。

DEFRA公關主任氣沖沖質疑我們怎麼能將他們旗下的專家交到英國廣播公司那裡。我們解釋事前經過公關室同意，但對方說同意的範圍侷限在簡報會，並不涵蓋會後的採訪行程。英國廣播公司廣播大樓內，訪談中間博士與戈希、製作人共進午餐時亮出訊息：DEFRA公關要她取消所有排定的活動並立刻離開。再過不久，DEFRA派人親臨現場，將博士拉到旁邊，再次勸說她不要接受訪問。一個多月後我和博士詳談此事，她表示高層屢屢強

5　譯註：這種真菌引起白蠟樹枯梢病，對西歐和北歐的森林造成嚴重破壞。

化管制，不許森林管理局的科學家與記者交談，英國廣播公司大樓的事件只是再創新高。她早些年常和記者通電話，與媒體互動良好，可是後來內部改了規定，與記者做任何聯繫都必須預做申請。她也真的申請過，但不是遭拒就是批准太晚已經失去意義，所以記者也就漸漸不再打給她。儘管沒有實質的封口令，DEFRA的作為卻達到了同樣效果。

集中管控造成的問題越來越嚴重，離開眾議院接掌環境局的史密斯勳爵後來公開談論這件事。二〇一七年他卸任之後在文章提到環境局的核心角色是從客觀獨立角度給予政府建言，但卻因為卡麥隆聯合政府的政治家干預而無法正常運作：

> 從我們的角度來看顯而易見，客觀建議若是私下傳達則政府依舊歡迎且採納，但無論如何絕對不可進入公領域。大眾能知道什麼、不能知道什麼由部長做主，我們無從置喙，而且除了服從之外沒有其他選擇。

他進而指出現代大眾似乎越來越不尊重證據與專業，於是重申「仔細收集並重述證據、事實與真相」十分有必要。

不過願意公開批評這一趨勢的人寥寥無幾。韋伯博士的訪問被迫取消之後，戈希決定撰寫專題報導探討這個問題。我提供不少科學家和機構公關的名字，這些人都經歷過類似的情況，但他們無一願意公開發言，到最後還是只有我願意站出來。為了讓文章有份量，他只好對我的身份做一點包裝，在標題「呼籲政府對科學家解禁」底下，戈希開頭第一句是：「英國最具影響力的科學傳播者敦促政府允許更多科學家接受媒體訪問。」儘管我一直不喜歡誇大其詞，這次倒是被捧得很開心。

因為我很積極為這個問題奔走，時任英國生態學會主席的比爾・薩瑟蘭（Bill Sutherland）教授邀請我去他們的年度會議發表主題演講。我在演講中刻意不使用「封口」一詞，因為我認為這樣詮釋不夠精準。如前所述，政府並未下達正式封口令，而且部分政府科學家在經過控制的條件下也能進行媒體工作。但這個詞終究在現場提問中出現，於是演講結束後來自許多政府機構的科學家團團包圍我。他們自我介紹的方式就像參加匿名戒酒會，例如：「我是賈爾斯，我被封口了。」受此活動鼓舞，一位被政府管制影響的科學家邀請我到她的機構演講，幾天後我打電話要約定日期，對方聽起來很緊張，表示稍後再回電。她走到辦公室外才打來，說自己向公關室提出想法，得到的回應並不理想……

即使想改變局面，種種努力看似白費力氣徒增挫折，甚至政府內部一部分科學支持者清楚表態過並不支持我的做法，所以我偶爾會徵詢科學媒體中心董事和顧問的意見，懷疑自己是否該放棄。如果能造就一丁點影響，即使與人交惡我也甘之如飴，但現實是問題好像不斷惡化。董事會通常從消極角度建議我們繼續施壓，希望至少能防止情況進一步惡化。

二〇一五年三月，內閣祕書傑里米・海伍德（Jeremy Heywood）爵士向全英國的研究委員會及其他科學機構發送一封信，提醒大家《公務員守則》擬修訂一項條款，要求所有公務員在「以官方身分與媒體接觸」前均須獲得部長授權。一年後，政府宣佈「反遊說條款」，旨在阻止政府資助的組織向政府遊說改革，而且這項變更不僅適用於政府實驗室的公費科學家，也擴及接受政府資助的大學學者。面對新制度，多數公關室僅僅通過電子郵件通知科學家，只有少部分人與我們一樣憂心忡忡。「科學智識」（Sense About Science）、「科學傳播公關網」（Stempra）和「科學與工程運動」（Campaign for Science and Engineering）等組織與我們攜手發起抗議，透過連署信並遊說政府內部科學家進行抵制。這回很幸運，兩項提案最終均被擱置，但高層官員和公務體系竟然認為在原有的限制與管控上再加以強化是好主意？顯然我們必須提高警覺。

與政府管制的對抗之中，推動「深閨期」（purdah）[6]規則修改是難得的一次勝利。政府使用此術語指代選舉前減少公眾傳播的時期，範圍涵蓋政府內部公務員和「臂距組織」（arm's length bodies）[7]。深閨期之所以存在是為了避免選舉期間使某一方政黨得到優勢，

6 譯註：源於伊斯蘭教及印度教中要求女性隔離自己或隱藏身體曲線的習俗。由於有性別歧視之嫌，現在英國公家單位在檯面上不會直接使用這個詞彙。

7 譯註：源於西方公共政策中的「臂距原則」，也就是政府委由中介組織代為執行公共事務，其決策過程與政府保持距離，

原本僅代表主要資金公告或企業宣傳活動應推遲到選後，然而二〇一〇年代初我們注意到越來越多科學家以深閨期為由拒絕接受採訪。比方說醫學研究委員會的分子生物學實驗室、自然環境研究委員會的英國南極調查局，在這兩處工作的科學家說十年前即使選舉期間內部仍然鼓勵正常運作，但現在從政府部門或機構內部公關室得到指示的頻率越來越高，內容都是要求謹言慎行。

深閨期影響發揮到極致時對日常科學工作造成過度干預，就連獨立科學家也不敢公開研究成果，甚至拒絕對突發新聞發表評論。二〇一七年，我召集十四個科學機構代表，以連署信形式對內閣辦公室抗議深閨制度向外蠶食鯨吞。之前多年無論政府或媒體都對這個話題不聞不問，這次看到《泰晤士報》以社論聲援時實在非常欣慰。他們以「被噤聲的科學」為題，描述英國氣象局竟然因為害怕被視為政治行為而拒絕就全球暖化發表評論是多麼荒唐，並且指出：

> 「作為納稅人，英國人花費數十億在政府出資的科學研究和專業知識。作為選民，我們卻因選舉期間避免公務員涉入政治的規則而無法從中獲益。這完全不合邏輯。除了

避免政府直接介入干預。臺灣也會根據臂距原則設置「行政法人」。

少數例外，科學家並不是公務員……他們不應該受到深閨限制。」

有位記者曾形容蘇．葛雷（Sue Gray）是「你從未聽說過，但在政府裡最有權勢的人」。我說她是「深閨主人」的時候大家都會笑出聲，但身為內閣辦公室品行與倫理小組負責人，深閨如何運作確實在她掌握之中。由於政府研究所（Institute for Government）和皇家統計學會（Royal Statistical Society）都對深閨規則有疑慮，在他們協助下我得以與蘇．葛雷會面討論。葛雷向我明確表達兩點：她會堅持深閨期必須存在，但她不認為深閨期應該被用來妨礙獨立科學家的正常工作。後來我們討論過很多次，希望能在深閨規則盡可能確保學術自由原則。二〇一八年初，我在愛爾蘭海灘散步時接到電話，她說剛敲定好官方準則，並且做出兩項改變，藉此預防深閨期侵害大學科學家的言論自由。我聽了實在很感動，新條款清楚明確指出深閨規則不適用於獨立學者的日常研究：

此處所述原則並非旨在限制獨立來源的評論，例如兼任政府部門公職或公共機構內非執行職務的學者。個別公共機構內部運作應遵循選前指引，但執行時不得超出原則所述範疇。

我欣喜若狂，立刻打到科學媒體中心辦公室還要他們開擴音。「看起來深閨的問題解決囉！」我朝著話筒大喊，同事們的歡呼在耳邊迴盪。

爭取改變的期間，我從來沒聽過有人支持深閨期干預科學傳播，但這現象反而反映出體制的運作模式，也就是即便沒有人認同的事情也能成為常態，癥結出在大家都不願意出面制止。雖然只是一次小小勝利，但在抗爭的整體過程中意義非凡。

行文至此也正巧看到一絲曙光。二〇一九年，吉迪恩・亨德森教授（Gideon Henderson）獲任命為DEFRA的新任首席科學顧問。我趕緊安排會面，與他討論DEFRA研究機構內科學家遭到噤聲的問題。我們談話數週後，亨德森教授親眼目睹我提到的問題：一名動植物衛生局科學家想出席記者會，主題是獾和肺結核的新研究，但DEFRA公關團隊卻試圖阻攔。過了一個週末，他出面干預，記者會如期舉行、那位學者也順利參與。後來他邀請我直接與DEFRA的資深公關會面，我利用機會做了提案，希望他們允許動植物衛生局裡一部分科學家加入科學媒體中心人才庫，並且當作學界人士對待。這是一個簡單的實驗：讓這些科學家與媒體互動，天就會塌下來嗎？提案過了一年半，到二〇二一年五月才得到批准。沒過幾個月疫情爆發了，公共衛生部新聞辦公室主動聯繫，請科學媒體中心為科學家舉辦幾場媒體活動。教宗是天主教徒嗎？[8]過去十年我們一直希望能帶資深政府科學家面向媒體，只可惜需要這樣一場打破所有舊規則的全國性流行病才能美夢成真。

乍看之下可能以為我對政府公關沒有好感，但我並不認為他們是始作俑者。許多公關人員德智兼備，能為長官分憂解勞。在我看來，癥結出在即使證據與專業是中立客觀的，卻受限於為政治服務的體系之中。英國的「政府傳播服務」網站上「我們的工作」一節清楚說明了政府傳播人員的職責：「我們的目標是提供卓越的專業實踐標準，支持政府並執行首相和內閣的優先事項，以建設更強大的經濟、更公平的社會、一個團結並全球化的英國。」

二〇二一年九月，政府研究所（Institute for Government）發表了一篇李・凱恩撰寫的客座文章，他當時已離開政府。文章中提到不清晰的責任分工以及來自不同部門的混亂信息削弱了政府對疫情的應對能力。凱恩對政府最高層級傳播工作的見解證實了我最大的擔憂：他認為如果疫情期間與政府有關的所有人士都在中央指揮下以「一個聲音」發言，政府的表現會更好。然而疫情期間，所謂政府相關人士其實有許多是科學家，他們為研究創新局（UK Research and Innovation）、公共衛生部或各大學工作，只是機構或專案得到了政府資助。在凱恩看來他們無法脫離政治範疇，因為臂距組織獨自進行傳播工作會造成問題：

8　譯註：意指「當然（好）」。

> 疫情期間，臂距組織不與中央政府分享資訊，時常導致政府的傳播計畫功虧一簣……這些問題可以解決，前提是政府與臂距組織聯繫更緊密、指揮與控制結構更清晰、審批流程更明確。

我很高興政府研究所發表這篇文章來啟動公眾辯論，這個主題影響到所有人的生活。我的結論與他相反：資訊混雜、民眾困惑或許不是好事，但新冠疫情也證明我們應該保持信心，社會大眾能夠接受不確定性並在複雜情況下作出判斷。解釋剛剛起步、證據矛盾的科學並非易事，沒有必要將其視為傳播工作的失敗。

有些人被我遊說煩了，會要求我證明當前的制度錯在什麼地方。雖然有很多案例能夠說明如何改善會更符合公眾利益，但我更想反問他們一個問題：獨立科學家應政府之邀提供建議或收集資料，允許他們自己將科學知識帶給大眾究竟為什麼不行？至今我還未聽過令人信服的回答。

追根究柢，政府傳播文化能不能有重大變革還是取決於政壇與公務體系的高層。我問過蘇・葛雷一個問題：違反深閨限制的科學家會受到什麼制裁？被送進倫敦塔監獄？她笑說印象中完全沒有人受過懲處。或許科學家只是需要以保羅・納斯爵士為榜樣，勇敢地說不。失去控制權只是短痛，但我敢打賭，政府能在公眾信任方面收穫好幾倍回報。

6 科學家對懷疑論者

氣候門的故事

偶爾總會有新聞事件太亂、太負面、太政治化，沒辦法靠公開透明四個字一筆帶過。其中一例就是二〇〇九年知名的「氣候門」（Climategate），事件起因是不知名駭客將尖端氣候科學家彼此間十年份的電子郵件內容全部公開在網路。研究人員提心吊膽，懷疑論者抓住機會詆毀氣候科學並搶佔了媒體版面。許多人擔憂這次爭議會摧毀大眾對氣候科學的信任，若科學無法服人也就很難說動政府決策者在減少碳排放方面採取行動。

郵件被駭我是怎麼聽說的自己也忘了，不過科學媒體中心與氣候門苦戰了好幾個月。這個事件對所有參與者都造成不小的影響，但受創最深的當然是一開始的主角。二〇〇九年十一月，東安格里亞大學（University of East Anglia）氣候研究中心（Climatic Research Unit）主任菲爾．瓊斯（Phil Jones）與全世界一起發現自己被駭了，超過十三年研究歲月的電郵與文件就這樣被人盜走，而且郵件內容公開在網路，幾天之後就是哥本哈根氣候高峰會。否定氣候變遷的懷疑論者當然抓緊機會，他們對郵件的解讀僅僅幾天內就從部落格圈進入全球媒體並且主導敘事走向：科學界對全球暖化誇大其詞還排除異己，全都是一場巨大的陰謀。電郵證明了反方長期以來的主張——氣候變遷是騙局。

我們立刻展開行動，第一個念頭就是請瓊斯立刻搭車到科學媒體中心。無論真相為何，郵件內容只有他自己能解釋，交給別人評論並非良策。那時太多記者想找他，瘋狂打電話過來，我只好趕緊聯絡科學媒體中心在東安格里亞大學新聞辦公室的聯絡人賽門·丹佛（Simon Dunford）。丹佛和上司安妮·奧登（Annie Ogden）有同感，認為必須讓瓊斯自己出面解釋，問題在於她們幫不上忙，因為校方將遭駭視為犯罪、郵件等同贓物，要求各方不得報導，同時警方已經展開調查，所以瓊斯教授或校內任何人發表意見都不妥。換言之，很可惜，瓊斯教授沒辦法過來見我們。

對我們而言局面十分棘手，許多頻道訪問同一位氣候懷疑論者，他得意洋洋以去脈絡化的方式摘述郵件內容。反方最喜歡的材料是一九九九年瓊斯與美國氣候學教授麥可·曼恩（Michael Mann）的通訊，郵件中提到曼恩在《自然》期刊「露了一手」來「隱藏全球暖化趨緩」——看在不相信氣候變遷的人眼中可以說是罪證確鑿，不過瓊斯的同事表示異議，認為所謂露一手其實只是以較長時間區段的數據來正確展示歷史高溫的成長幅度。反方還提出其他指控，例如瓊斯與同事設法阻擋立場不同的研究進入同儕審查期刊，以及刻意打壓質疑「曲棍球桿圖」的聲音——曲棍球桿圖是曼恩教授的研究，呈現出二十世紀的暖化程度前所未見，得到學界廣泛引用。在缺乏脈絡的前提下，反方以郵件為證據聲稱瓊斯等人操弄數據，媒體也像挖到寶似地瘋狂報導，《每日郵報》頭版頭條直接稱之為「氣候變遷大騙局」。

沒辦法讓菲爾．瓊斯到科學媒體中心對自己的電郵做出回應，東安格里亞大學的公關人員和我們一樣十分無奈。該校是英國世界級的氣候研究重鎮，因此公關部門都是專精於氣候科學傳播的專家。然而我接收到非常清楚的訊號：為這次危機事件制訂媒體策略的人位於更高層，公關專家無從施力。但就我個人經驗而言，在大學裡頭接管的層級越高事情越不妙，因為第一線科學傳播人員才真正理解經手的材料。通常這種時候會由高階通訊人員或危機處理小組接管，他們以保護機構名譽為優先，不會太在意大眾是否得到正確資訊。可是這次事件已經捲起全球媒體風暴，威脅到哥本哈根氣候高峰會能否順利舉行，還傷害社會大眾對氣候科學共識以至於科學整體的信任度，並不只是一所大學的名聲這麼簡單。

瓊斯博士的研究領域是測量古樹年輪以推測歷史溫度變動。從這種艱澀的學術背景不難想見他性格斯文、無意成為鎂光燈焦點，對媒體突如其來的大陣仗毫無心理準備。但他身邊很快亂象頻傳，記者守在他家或鄰居門口、電子郵箱內出現好幾百封謾罵信、還有人揚言對他和他的家人不利。起初我們也不知道他遭受多嚴重的身心煎熬，直到十年後英國廣播公司一檔黃金時段的戲劇以氣候門為背景時，瓊斯教授的前同事才提到他崩潰的速度相當驚人，一下子消瘦好多、幾乎沒辦法和人正常對話，成了名副其實的行屍走肉。

我的推測是，事件之初關鍵期，東安格里亞大學領導層也不知道該如何看待被駭的郵件，但至少他們沒有為了自保而草率下判斷，反而一切採用正式流程並且以照顧學者為優先。只不過倫敦辦公室的我們看到另一番光景：他們這種回應實在太緩慢也太薄弱，而且想法過分天真，記者絕對不可能真的等到警方結案或內部調查結束才開始動作。無論當時還是現在，我始終認為校方高層該做的其實是交給公關團隊處理。

無法從瓊斯得到回應，只能退而求其次請其他氣候科學家發表意見或接受訪問。我們不過問立場、不強迫討論郵件細節或為瓊斯教授辯護，只請大家強調氣候科學領域已知的部分，並對民眾解釋一個關鍵：即使瓊斯等人變造過資料，世界上還有很多研究都指向相同結論。幾位科學家勇敢地接下任務，新聞報導出來當天我們發送八則學界評論給記者，有人單純著重在氣候變遷不僅證據量極為龐大而且內容一致、來源多元，有人針對郵件發表看法，認為裡頭的東西不足以撼動整個氣候學界。還有人更進一步主張這次洩露的通訊內容是合理科學辯論內必要的一環，生態與水文學中心的約翰・卜洛斯（John Burrows）教授就說：

之所以有同儕審查這個科學流程，就是為了避免一個議題有任何一方遭到陰謀論把持。儘管社會上某些特定群體出現負面反應，但目前的討論其實是個極佳的範例，證明同儕審查支持下的公開辯論即便無法永遠完美依舊是科學的核心。

八則評論之中有一則比較特別在於撰寫者並非科學家。鮑勃．沃德（Bob Ward）當時是倫敦政經學院（LSE）格蘭瑟姆氣候變遷與環境研究所（Grantham Research Institute on Climate Change and the Environment）的政策與通訊部主任。一般而言，科學媒體中心會請相關領域科學家對爭議發表看法，然而這次危機性質特殊所以決定破例。事件內有許多元素與科學本身無關，牽涉到氣候科學家的言行以及科技傳播。沃德從二〇〇五年還在皇家學會擔任通訊部主任時就出面呼籲埃克森美孚（ExxonMobil）停止曲解氣候科學，後來也是媒體常客，到了二〇〇九年已經是英國十分有影響力和能見度的氣候科學傳播者，當然更重要的是他具備出面暢談的意願與能力。氣候門爆發之後的好幾天裡，英國的氣候科學家與官方氣候研究機構沒能派出代表，在電視與廣播留下的巨大空白，就靠沃德一個人力挽狂瀾。隔著辦公室螢幕，我們看他一整天從天空新聞臺到英國廣播公司再到ＩＴＮ，不斷為氣候科學辯護、與懷疑論者交鋒。他的言論我未必都同意，也有少數氣候科學領域的大人物質疑過他是否有資格代表學界，然而那當下就是沒有足夠科學家願意出面支援，而他扛下重任是擔心默不作聲會讓氣候科學界付出慘痛代價。我一直認為沃德的動力並非自我表現，而是源於恐懼，幾年後科學媒體中心邀請他為科學家介紹媒體事務時也側面印證我的想法。沃德給臺下兩百多人看了自己當時受訪的影片，與《旁觀者》雜誌（*Spectator*）主編弗瑞瑟．聶爾森（Fraser Nelson）對話中他顯然情緒失控。那麼沃德給了大家什麼建議呢？他自嘲說：「千萬別在直播的時候發脾氣——表情不好看。」

瓊斯信箱被駭正值氣候科學界與氣候懷疑論者公開交火的階段。佛瑞德・皮爾斯（Fred Pearce）在優秀著作《氣候檔案》（*The Climate Files*）裡詳細描述了那段時日的種種，包括氣候變遷否定者多年來如何以偏執和惡意的方式透過FOI請求案騷擾瓊斯等氣候學者。他說：

> 雙方衝突透過部落格圈與《自然》之類權威期刊展現得淋漓盡致，但內在本質卻如同莎翁悲劇般是相互誤解。氣候科學家覺得領土遭到暴民入侵，草木皆兵的心態在郵件中赤裸裸呈現。而另一方想要瞭解真相卻造成實驗室混亂，事件爆發時又有見縫插針的行為。

過程中有個小插曲，是趣事或糗事就見仁見智。安迪・瓦森（Andy Watson）教授是東安格里亞大學少數願意接受媒體採訪的學者，讀了遭駭的郵件後準備好直接針對內容發表意見。他上《新聞之夜》（*Newsnight*）遇見了美國懷疑論者領袖馬克・莫拉諾（Marc Morano），唇槍舌劍之後言簡意賅說：「無論懷疑論者怎麼說，全球好幾百萬人看著這些郵件，就沒有人找到科學家操弄根本數據的證據。」訪談結束，我正要傳訊息慰勞，攝影機還沒關閉的時候，瓦森教授用大家都能聽見的音量朝對手說了句：「混帳東西。」

郵件外洩後那幾週對科學媒體中心來說很煎熬。我們將重心放在氣候科學的強棒，接洽主要機構的主任與首席科學家，包括氣象局、自然環境研究委員會（Natural Environment Research Council）、倫敦帝國學院及政經學院兩邊的格蘭瑟姆研究所。這次調性不變，請學者不必拘泥在瓊斯本人或郵件內容，而是捍衛氣候研究整體品質，清楚說明什麼證據十分可靠、什麼部分尚未確定、什麼問題有待解決。我們努力遊說，希望他們擁抱爭議，因為如同幾年前提姆．瑞佛對基改研究者所言，這其實是一次「天賜良機」。可惜願意觸碰爭議的人非常少，多數人認為與己無關。有一所大學以氣候學者的人數著稱，我打電話給公關主任請求協助，對方卻表示學界內都存在氣候懷疑論者了，所以她不認為自己應該蹚渾水。

我對自然環境研究委員會的期望比較高，畢竟他們負責發放公款資助英國絕大部分氣候研究，氣候科學的信譽遭受打擊應該會讓通訊主任徹夜難眠。對方確實困擾，但狀態與預期不同。我打電話過去詢問態度，她說狀態糟過頭了，索性不告訴別人自己在哪兒上班。後來東安格里亞大學一位資深人員私下對我透露：校方曾經尋求政府、氣象局和自然環境研究委員會伸出援手，沒想到最有資源的這三方都決定「暫避其鋒」，要大學自己處理這麼大一樁危機。正因如此，鮑勃．沃德描述氣候門時才會說是「氣候研究學界不堪的歷史，多數人只求自保，軟弱無能、顏面盡失」。

東安格里亞大學派出高層代表主導媒體事務，包括校長愛德華・艾克頓（Edward Acton）教授與曾任美國政府氣候顧問的頂尖科學家鮑勃・瓦森。此外事發一週後，校方終於讓瓊斯接受了一次專訪，由英國報聯社環境記者艾蜜莉・畢門（Emily Beament）負責。瓊斯教授為團隊說話，嚴詞否認氣候數據經過變造，但同時表達悔意，承認一些郵件裡「沒能克制情緒，用字遣詞過激」。後來重讀一次訪談內容，我注意到他捍衛科學與操守的力道非比尋常，完全不像是想以話術為自己開脫。只可惜事件燒得太熱烈，堪稱全球性大火，只靠一篇訪談無力回天。

二〇一〇年一月，氣候科學界又爆出一樁醜聞。有人發現二〇〇七年IPCC（聯合國政府間氣候變化專門委員會）的報告內容不確實，其中聲稱喜馬拉雅山冰河在二〇三五年就會接近消失。《新科學人》雜誌追蹤後發現訊息出自一九九九年某位印度籍冰河學家，但沒有任何同儕審查或研究作為支持，甚至曾經有其他學者提出質疑，認為冰河無論如何都要幾百年才會徹底消融。於是輿論沸騰，出現要求IPCC主席拉金德拉・帕喬里（Rajendra Pachauri）下臺的聲浪。《太陽報》前主編柯爾文・麥肯錫（Kelvin MacKenzie）寫道：「很高興在此宣佈，說謊的教授、騙人的冰河學家、拿雨林當幌子的敲詐犯，以及大家最熟悉的無恥政客，他們的名聲會跟著全球暖化這場營火晚會一起燒成灰。」

情勢愈演愈烈成了「冰河門」，所幸我們的聲音終於也在此時傳進學界強棒的耳裡。科學媒體中心緊急在二月初立刻召開記者會，請到三位極有分量的氣候科學家，分別是氣象局首席茱莉亞・史林戈（Julia Slingo）女爵士教授、自然環境研究委員會執行長亞蘭・托普（Alan Thorpe）教授，以及倫敦帝國學院格蘭瑟姆氣候變遷研究的布萊恩・赫斯金斯（Brian Hoskins）爵士教授。同一時間，好幾位科學記者向我反映一個問題：他們被總編輯質疑與學界「過從甚密」，也就是和學者走太近了所以無法從客觀角度製作報導。這群記者抵達科學媒體中心的時候情緒有點激動，他們覺得自己像是上了刑場，若是不能從學界帶回足夠有力的回應就會被砍頭。其中一位曾經對總編坦誠自己沒察覺IPCC報告用了「灰色文獻」（未經同儕審查的資料，相較之下較不具權威性），結果對方說：「你以為公司花錢請你來幹嘛的。」因此記者會氣氛很高昂，從十一月駭客事件以來英國氣候學界第一次大方回應。

當天早上，各大新聞渠道共派出十九位焦躁的記者來到現場。我想先和科學家做個幕後溝通，被《獨立報》科學編輯史提夫・康諾看見，他故意鬧著說：「費歐娜，可別讓大家失望啊！」可見大家期待多高。但也因此不難想像我進了休息室與科學家對話後多失望——他們表示兩個話題絕對不回應，一是瓊斯教授的郵件內容，二是帕喬里博士是否應該辭去IPCC主席。我能理解，也很支持他們將此行重點放在討論氣候變遷的科學證據效力，然而記者會是針對郵件遭駭和IPCC報告有誤這兩個危機，因此嘗試說服他們面對現況，尤其記者的提問一定以此為主，也告訴他們其實有很多方法可以正面回應，但又不觸及太過細節的部分。他們態度非常堅決，而且看得出來事前已經達成默契。就結果看，說不定這三位科學家是在幫我。雖然外頭記者想看到的是科學界如何「反擊」，但我更根本的信念是學界必須將研究發現正確傳達給社會大眾與政府決策者。媒體想看科學家如何為瓊斯或帕喬里辯護，但我想看見他們捍衛氣候科學的信譽。只不過在那當下我還是覺得自己領著一群羔羊走入狼群。

回答提問之前，幾位專家先陳述了氣候科學的概況，講解已確定的事實、未確定可討論的疑點、目前未知的領域，也說明研究和同儕審查如何進行、政府如何挑選補助對象等等攸關科學品質的細項。接著他們承認學界一直以來沒有好好闡述這門科學裡的不確定性，大眾會有霧裡看花的感覺也是理所當然。但他們竭力強調：即便過去一星期媒體聚焦於研究品質、同儕審查以及學者個人的疏失，國家社會也不能輕易放棄這門學術。我覺得他們說得相當精彩。

可是記者自然不滿意，他們很多人想看學界為瓊斯背書、詮釋郵件裡的敏感文字，但現場三位專家不為所動。後來《獨立報》環境編輯麥可．穆卡席（Michael McCarthy）起身，以不可置信的語調詢問：「就這樣？這就是你們的反擊？」周圍許多人點頭附和，另一位記者也開口：「今天是想看你們怎麼讓懷疑論者閉嘴，結果你們只是解說科學證據而已。」三位專家聽了回答：「沒錯，我們是科學家，科學家的工作就是如此。」散場之後，記者圈的共識是學界想要贏回公眾與媒體信任的話必須再加把勁。

記者對科學家、對科學媒體中心感到失望，正常情況下我應該憂慮，不過這次情況特殊，我反而引以為傲。風口浪尖上，面對滿屋子的記者很容易失言，記者會氣氛也並不自在，但有時候承受風險有其必要。《每日鏡報》科學記者麥克．史溫（Mike Swain）下標「科學家坦誠：全球暖化充滿不確定，大眾不解理所當然」，報導內容清晰有條理，先陳述當前共識，再解釋為何仍有無法確定的要素。他引用布萊恩．赫斯金斯爵士教授許多說法，其中一段是：「有時候別人問我相不相信氣候變遷，但其實這與個人信念無關，要看的是科學。科學也追求降低不確定性，但不確定性不可能為零。氣候是混亂的系統，裡頭一定會有變數。」這篇新聞非常出色，沒有刻意為之的平衡報導、沒有懷疑論者的政治化言論與不實資訊，文章不被郵件遭駭一事帶偏，紮實地呈現氣候科學的原貌，刊登在有大量讀者的小型報上更是加分。

幾年後我受邀去自然環境研究委員會針對媒體事務做演講，以這場記者會作為範例解釋為什麼要擁抱爭議。當時該會執行長已經從亞蘭．托普換成鄧肯．溫漢（Duncan Wingham），他對與會者和一些同儕表達反對記者會的想法，還認為自然環境研究委員會不應該攪和進去。他是現任，但抗拒科學界積極面向媒體，如果氣候門晚一點發生想必也不願意出席記者會，這個改變令人沮喪。氣候門發生的時間點上，許多具有影響力的人物，尤其是要求政府對抗氣候變遷的倡議人士容不得一點點質疑，甚至有人認為證據已經足夠充分，所以不該開放媒體上的辯論。他們還主張科學家別再提及不確定性，免得被懷疑論者抓住把柄煽動大眾挑戰科學。

在我看來，這種立場有兩個問題。首先我認為要小心「善意謊言」，雖然淡化歧見或不確定性是為了更長遠的目標，但其實非常容易引火上身，被反對者逮到機會以誠信和透明原則來批判研究成果。再來我個人很不支持科學家被評論者牽著鼻子走（瓊斯博士的郵件顯示氣候科學家對於反方異常執著，總是從對方的角度思考事情），職涯中花了很多時間請科學家放下偏執、專注在社會大眾，因為他們才是最需要真相的人，通常也更能做出理性的判斷。如果科學家不願坦誠討論研究中的不確定點、意見分歧與錯誤、挑戰共識的新發現，懷疑論者就會打著「揭發真相」的名目混淆視聽。優秀的科學研究得建立在公眾信任上，而公眾信任來自科學界說真話不隱瞞。後來許多科學家同意我的觀點，因而能夠舉辦記者會說明各種議題，例如全球暖化是否真的「暫停」、IPCC一篇報告中的疏失、《自然》刊載的地科論文主張我們距離攝氏一點五度的暖化門檻或許還有更多時間。

作為公關部門，科學媒體中心一直試圖擁抱而非終結辯論，因此多年來始終支持英國廣播公司等媒體將氣候變遷的另一面聲音報導出來。但我們也苦於早期報導裡的「虛假平衡」

現象，常常與記者溝通，希望他們不要為了方便就隨便引用懷疑論說法挑起社會歧見，這麼做無助於閱聽人對主題的深入理解。話雖如此，揚言某個科學領域已經「大勢底定」、無需辯論則徹底違反科學原則。皇家學會箴言為*Nullius in verba*，意思是「不隨他人之言」，其實也就是致敬科學界引以為傲的懷疑論傳統。更何況封鎖辯論也不是好看的場面，現在已經不是威權年代，「科學家說什麼大眾就該信什麼」是行不通的。換個角度看，氣候門也算是一次改過自新的機會，矯正這個學界只會發表聲明，不會參與公共討論的陋習。二〇〇九年十一月二十三日，《金融時報》的社論將上述看法總結得十分精闢：

> 遇上反對聲音，〔科學家〕該做的並不是同仇敵愾抵禦外辱，甚至為了推動理念而走上運動之路。科學研究與社會運動有時候不易劃出界線，但科學家必須努力嘗試，因為科學最重要的價值就是盡可能客觀地提供證據，而這些證據會成為政治人物、企業與環保團體的行為依據。

說得非常好，科學家與反方進行公開辯論對公眾有益，基改食品與混合胚胎都是例證，如今輪到氣候科學家走出舒適圈。

所謂一個巴掌拍不響，部分科學家刻意隱瞞氣候研究中複雜的不確定性，然而一些媒體也是幫兇，為追求更戲劇性的標題而掩蓋了不確定。二〇〇六年，備受推崇的公共政策研究所（Institute for Public Policy Research）發佈一份報告，針對媒體如何透過危言聳聽營造出「氣候色情」[9]。我不僅理解這個概念，還可能得在這件事情上負起一點責任。二〇〇五年一月，科學媒體中心為《自然》的重要論文舉辦發佈會，主題是暖化的程度之別。根據研究推估，公元兩千一百年時人類面對的暖化程度可能在攝氏兩度到十一度之間。事前的郵件與會面中我反覆提出警告：媒體寫手一定會取最高值來大做文章。科學家則表示如此一來新聞會誤導大眾，因為統計學上具顯著意義的模型幾乎都集中在兩到三度的區間。但我也只能請他們一定要強調最低數字，畢竟有更大更可怕的數字可以用，稱職的編輯不可能故意選擇不起眼的那一邊。可惜結果沒什麼不同，我在發佈會上只能苦笑，記者們一直詢問暖化達到十一度倫敦會不會沉入海底或徹底結凍，因為前一年的好萊塢電影《明天過後》（*The Day After Tomorrow*）就有這種情節。隔天地鐵上通勤上班族如往常拿著《地鐵報》在看，頭版上方印了工廠朝天排放黑煙的晦暗圖片，中間是「11℃」的大字，旁邊標題寫著「科學家對全球暖化進行預測……英國情況尤為惡劣」。

氣候門事件之前，通常記者會上出現「比之前預測更糟糕」、「即將無可挽回」之類的

9 譯註：climate porn，意指透過氣候科學資訊煽動閱聽人的情緒。

結論以後，大家就開始放空，準備回去辦公室下標題。不過爭議結束後，在二〇一〇年三月我卻見識了「正常」的氣候科學記者會應該是什麼情況。當天主題是氣候變遷中人類足跡的新研究，主講人為氣象局的彼得．史托特（Peter Stott）博士。分離暖化中的人類因素與自然變數是相當複雜的學問，可以說是理解問題的一次突破。這次記者們沒有急著回去寫稿，留得比往常更久，一直針對研究發現做提問，每個數據點都不放過。氣候門造成這種「副作用」也是很正向的演變。優秀的氣象科學家並不擔心接受更嚴格的檢視，史托特雖然遭到問題轟炸卻依舊老神在在。於是社會大眾得到更可靠更全面的報導，不再受限於「氣候色情」或「誰誰誰說了什麼」的膚淺內容，可以說是三贏局面。

氣候門醜聞爆發之後幾年內，主流科學界質疑媒體過度聚焦在郵件，針對這點做過很多討論。後見之明不難發現整個事件根本沒有新聞價值，但其實事件之初就有一些人看得透澈。牛津大學氣候科學家麥爾斯．艾倫（Myles Allen）博士與《衛報》環境記者大衛．亞當（David Adam）博士從第一天就提出呼籲，他們認為駭客行動背後有政治目的，運動人士只是想要妨礙哥本哈根氣候高峰會。艾倫博士批評「主流媒體竟然無法縱觀全局」，得到很多人附和。前環保人士馬克．萊納斯（Mark Lynas）在《新政治家》（*New Statesman*）雜誌的文章說媒體報導郵件內容就像屈服於「攻到城門的蠻人」，長期領導加拿大綠黨的伊麗莎白．梅伊（Elizabeth May）也在文章說：「為反而反的人想鼓吹謬論，全世界的媒體也這麼輕易就掉進了陷阱。」

雖然理解為何有人支持這些論述，但我想法不同。瓊斯教授最初保持沉默，加上看似嫌疑重大的大量資料，叫記者不把握機會大書特書實在強人所難。再者，考量到事發當下情勢，科學家開口要求新聞調查放過氣候科學極其不妥當。那時候我就寫過文章指出：正因為氣候科學極其重要，所以需要更嚴謹也更豐富的調查報導，特別偏袒氣候科學的新聞只會淪為懷疑論者的工具。最後一點則是我依舊認為這次醜聞如同所有媒體風波，是氣候科學進行傳播的好機會。佛瑞德．皮爾斯在《氣候檔案》中對氣候科學進行徹底剖析，揭露出弱點、缺陷與反對論述，但也發現這個研究領域發展蓬勃。他的結論是：「氣候門事件反駁了人為氣候變遷的真實性嗎？完全沒有。」麥可．漢倫剛報導相關新聞時自己就偏懷疑論，但為《每日郵報》製作氣候門專題以後讀過所有郵件，他說：「怎麼翻、怎麼搜都找不出明確證據，沒有哪句話能連結到捏造世紀謊言的超級大陰謀。」從《衛報》到《每日郵報》，記者爬梳郵件內容，試著找到氣候科學是騙局的證據，但一無所獲。如此大費周章進行調查或許不符合比例原則，但或許也因此加強而非削弱了社會大眾對氣候科學家的信任程度。

數次官方調查還了菲爾．瓊斯教授與氣候研究中心一個清白。報告對他試圖規避FOI不釋出郵件，以及部分郵件的措辭語氣提出批判，但各個獨立調查都沒發現這些科學家操作氣候變遷數據的證據。科學媒體中心為三份調查報告舉辦發佈會，也為東安格里亞大學校長舉辦記者會對報告結論提出回應。其中一項報告我們參與較多，是東安格里亞大學委託繆爾．羅素（Muir Russell）爵士進行的完全獨立調查。羅素爵士請了盧瑟潘卓岡（Luther Pendragon）[10]公關公司協助，該公司負責人麥克．古拉納特（Mike Granatt）不僅曾是政府通訊主任，也是科學媒體中心創始期的董事之一。在我看來他是公關界天才，所以他將記者會委託給科學媒體中心的時候我特別興奮。不過他也邀請我與調查團隊見面、看看對方如何做事，過程真的極其縝密，我訝異於成員耗費的時間心血，也讚嘆他們表現出的公正無私。然而也是因為公正性導致之後有個尷尬場面。

羅素爵士調查案請的學者不多，其中一位是當時《自然》期刊的主編、我的好友菲利普．坎貝爾博士，後來他打電話過來說要辭去審查委員時我嚇了一跳。原來駭客事件之後、受邀參與調查之前，他去了一趟中國，途中曾在深夜受訪，對一位中國記者說了瓊斯與其他科學家「表現出了研究者該有的樣子」這種話。氣候懷疑論者挖到這段敘述，認為他會帶著既定立場做調查。新聞爆出來的那個傍晚，我搭了巴士正要去坎貝爾家裡與三五好友共進晚餐，途中一大堆記者打電話過來都被我搪塞過去，但有一通時間算得特別準，就在我按門鈴的當下。打電話的是強納森．阿莫斯（Jonathan Amos），英國廣播公司很資深的科學記者，

10 譯註：此公司名稱源於創辦人對亞瑟王傳奇的喜愛（即亞瑟之父盧瑟王，或稱烏瑟王）。

他問我知不知道去哪兒找坎貝爾。還在通話中，坎貝爾本人來應門，我趕快做出噤聲手勢，然後向阿莫斯道歉說幫不上忙。晚上坎貝爾和我丟下其他朋友，兩個人端著酒跑去客廳看《新聞之夜》怎麼討論這件事。

氣候門事件中我自己也有不慎失言的紀錄。二〇一〇年初，我受科技部長德雷森勳爵委託，針對科技與媒體的未來製作一份報告，後來很榮幸得到英國廣播公司第四臺《媒體秀》（*The Media Show*）節目邀約前去討論報告內容。到了現場，製作單位先讓我聽一段預錄，是懷疑論者領頭羊詹姆斯．迪靈坡（James Delingpole）對英國廣播公司的氣候門報導發表意見，然後主持人第一個問題是若換作我會如何處理瓊斯教授郵件被駭這個狀況。這題來得猝不及防，我直接說自己的做法與東安格里亞大學的媒體事務組非常不同，會說服瓊斯大量受訪來解釋自己的信件內容，並駁斥各種刻意誤導的詮釋方式。接著我還以大衛．納特教授被解僱一事作為對比，他透過連續受訪很有效地捍衛了自己的研究成果。事件發展到這個階段，《衛報》極具影響力的環境專欄作者喬治．蒙比奧特（George Monbiot）公開要求瓊斯教授與東安格里亞大學通訊主任安妮．奧登辭職負責。我不同意他的看法，卻在英國廣播公司第四臺的節目裡說了校方那邊錯了，感覺很不講道義……離開播音室以後我打電話到辦公室：「我剛剛好像不小心在直播裡罵到東安格里亞大學的媒體組了。」同事告訴我：「對，安妮打電話來過。」

不知道安妮後來是否釋懷，如果沒有也不能怪她。如果換成我在東安格里亞大學，實際面對的情況必定棘手至極，會有許多不同考量彼此衝突。我在訪談中能回答得輕巧是因為我不在大學內而是負責科學媒體中心，我們作為公關機構的宗旨就是強調積極面對爭議，因此被問到瓊斯教授和校方在那場風暴中該怎麼做也只會有一個答案：一開始就要站出來對著郵件一封一封地解釋。現實中他沒有那麼做，背後有很多理由並不在我的考慮內，其實訪談時我就應該將前提說清楚，可惜已經來不及。

兩年後，二〇一一年十一月，駭客釋出另外五千封竊取的郵件，然而情勢已經迥然不同。這次請瓊斯博士立刻搭車，他真的趕來了。說明會上人滿為患，記者一段一段地唸出來要他解釋，那些語句有無脈絡聽起來是截然不同的意義。有幾處地方很有趣，瓊斯化解陰謀論詮釋的方法很簡單，單純點出運動人士弄混了年份、弄混了數據組，甚至有一次弄混了同名的人。會後他說：「真希望第一次就能這樣子回應，但沒被逼到極限還真不知道自己會如何反應。」翌日媒體標題也非常清楚，例如「ＲＩＰ氣候門」、「爆冷的續集」、「氣候門第二集：科學家的反攻」。

由於牽連太廣，我回顧過往常覺得氣候門是科學界遭遇過的最大公關危機，持續時間也特別地久。可是十年後我能充滿信心地說：獲勝的是科學。或許氣候科學家並不想活在被人質疑的陰影中，懷疑論者也佔上風佔了太久，多年來無所不用其極試著動搖氣候科學的根基。然而塵埃落定、砲火停歇，科學的可信度如同屹立不搖的堡壘，非但沒崩潰還更上一層樓。

在戰場上節節敗退的時候，很難相信自己的努力能夠改變什麼。不過看看現在的英國，民調一次又一次顯示氣候變遷已經得到民眾和各大政黨、各大企業的承認。雖然爭議尚存，但重點已經從理論轉移到解決方案上。菲爾・瓊斯教授和最前線的人在氣候門那幾年經歷很多考驗，但故事結尾印證了我們的信念：面對爭議，由科學家對科學做出冷靜、清晰且充分的解釋就是最好的選擇。

[169] [170]

7 從水災到福島
如何應對突發新聞

一旦發生大事，比方說全國緊急狀態或者疾病、洪水、鐵路事故或食安醜聞等重大事件，嚴重到首相或其他官員必須親上火線——那麼記者的手腳就必須快。突發新聞會帶來資訊真空，事發當下未必能掌握所有細節，但局勢演變卻可能異常快速。問題在於這是新聞二十四小時不間斷的年代，記者必須持續產出報導，也因此更有可能將可信度置於第二順位，只求資訊來源容易接洽，其弊端則是大新聞初期會有許多錯誤的理解、詮釋、假設和危言聳聽，之後想要澄清修正會非常困難。對於公眾科學理解而言，這是相當複雜的課題。

重大危機有幾個特徵導致錯誤資訊流通更快。首先是政治人物蜂擁而至，有的想累積政治資本，有的想提供簡化的處理方案，也有的想要推卸責任。然後是時間規模與步調太大太快，編輯不得不派出普通記者支援，他們相較於分線記者比較不知道如何聯絡最合適的專家學者。最後則是非政府組織和單一議題團體的代表也會出面，他們將危機當作呼籲政策轉變的舞臺。

科學媒體中心的對策是針對突發新聞發展出「快速反應」機制，協助媒體和大眾在迅速發展的重要新聞事件中更容易聽到科學家的意見。新聞爆發後幾小時內，記者打開郵箱就會看到我們寄發的郵件，內容有精選的適合專家名單、對危機各層面的詳細評論、事實查核簡表等等。背後邏輯是趁著緊急事件之初就為記者與一流科學家建立起連結，如此報導內容會更準確，也能確保紛亂之中還有人本著證據說話。

一開始只有我們這樣做。個別的大學或科研機構若有相關專家，或許也會聯絡媒體，但都是單打獨鬥，缺乏協調性與全面性。而且大學公關室本就工作繁忙，未必能將這件事情放在第一順位。危機爆發時記者需要獨立科學評論，但卻沒有一站式的服務，這就是科學媒體中心能夠填補的空白，而且對科學報導及公眾利益都有加分作用。重大事件爆發時，我們會放下手邊所有工作，立刻打開人才庫搜尋。人才庫內的科學家都同意接受媒體訪問，我們以關鍵詞加以分類，能夠為每則新聞找到適合對象。首先我們會請科學家書寫評論作為即時回應，接著確認他們是否方便受訪、接下來幾天到幾週內能否繼續投入。第一波郵件聯繫過後，記者會提出許多要求，包含一對一採訪、隨情勢演變而提出特定問題等等。名單上的科學家能夠根據自己的專業選擇回答什麼問題，並且接受連線訪問。不出幾小時機制就能順利運轉，一群科學家願意騰出時間協助我們與記者，並確保他們的專業領域會進入全國性討論。若媒體熱潮不減，科學媒體中心會持續招募專家加入，只要新聞還在頭條就必然有人才庫發揮作用的機會。透過這種運作模式，我們這個五人小團隊也能因應各種突發情況：只要一封郵件，即使是從酒吧或賣場更衣室發出去的，也能保證專家會回應到記者的需求。

有時候，科學家提供的知識能導正即將失速脫軌的恐慌報導。科學媒體中心在二〇〇三年一月初啟動過快速反應機制，起因是有人想以蓖麻毒素（ricin）攻擊倫敦地鐵系統但行動失敗。《太陽報》說記者找到了「死亡工廠」，《每日星報》（*Daily Star*）宣稱「可能奪走二十五萬人性命」。我們聯絡到華威大學（University of Warwick）的蓖麻毒素研究小組，對方提供一份毒素性質的詳細表格，並解釋只是將毒素散佈在空氣中，不大可能造成媒體估計的死亡數字，因為蓖麻毒素要致命得透過注射、吞服，不然就是朝臉噴射並大量吸入。取得專家觀點以後，科學記者開始淡化新聞標題的駭人程度，並製作出蓖麻毒素的事實查核表。這次危機十分短暫，不過很好地證實了快速反應的概念：藉由建立記者與科學家之間的渠道，科學媒體中心改善了公眾閱聽特定新聞時接觸到的科學資訊品質。

二〇一三年有類似事件：媒體發現漢堡和超市其他商品內含馬肉，一部分記者直覺認為政府會因為衛生因素禁止使用馬肉，於是將這個事件定義為食安問題。二十四小時內，我們請食品科學界的代表人物出面澄清，指出使用馬肉本身完全合法，反而若標示不清才是真的違法。事實是儘管英國人基於文化因素下意識排斥，但食用馬肉對健康沒有危害，它在世界上許多地方都是正常食物。

但也不是每次都能說服優秀科學家對突發新聞發表評論。有別於政治人物或運動人士，科學家較不願意在事件詳情揭曉前對公眾講話。死傷慘重的鐵路意外或火山灰危機中，曾經有科學家回信時義正辭嚴地說不該要求他們單憑臆測隨著媒體起舞。科學媒體中心的立場並不同意這種說法，災難發生後第一時間無法掌握情況的並非只有科學家，而是所有人。但他們有資格根據研究發現與過往案例做出合理推論，同時也有立場提醒大眾一切都還只是臆測，呼籲各界在資訊完備之前提高警覺，並不需要刻意誇大其詞嘩眾取寵。我們一再提醒的媒體不等人，即使事實全貌未明也會做報導，因此科學家拒絕受訪也只是將評論員席位讓給不合適的人。二十四小時不停歇的新聞媒體彷彿飢腸轆轆的野獸，必須時時刻刻投餵資訊。我們可以在旁邊哀聲嘆氣，但也可以確保投餵進去的都是高品質的科學證據。

科學媒體中心的做法也招致政府機構批評，這些單位的公關室習慣掌控敘事，高壓危機之中尤其如此。二〇〇六年俄羅斯異議人士亞歷山大．李維寧科（Alexander Litvinenko）在倫敦遭人毒害引發軒然大波，新聞報導充滿臆測，記者苦等致命毒物的詳細資料。一開始記者懷疑是鉈，並且將範圍縮限到放射性鉈。我們聯絡了毒物學家，他們想媒體強調這個說法尚未確認，但仍回答了鉈的特性以及對人體有何影響。

此時特別受到注目的是倫敦帝國學院專精毒物學的約翰．亨利（John Henry）教授。他之前在蓋伊醫院和聖湯瑪士醫院擔任主治醫師救過許多人命，尤其是誤食居家用品有毒物質的孩童，後來決定專心做研究，主題是毒物的作用機制與如何化解。亨利教授言之有物，在毒殺事件發生後接受一連串採訪，為大家詳細回答了有關鉈元素的各種疑問。但後來公共衛生部的前身健康保護局（Health Protection Agency）宣佈人是死於鉢中毒，於是專家提供的大量資訊都與案情無關，健康保護局的新聞辦公室認為我們不負責任，發了一頓火。

內部與董事會、科學家和記者討論了這件事。當時科學媒體中心還在草創期，不希望給外界留下炒作新聞的印象。然而討論之中大家反覆得到同樣結論，那就是兩害取其輕，寧可讓亨利教授這種專家提供正確資訊給媒體，也不要留下資訊真空給外行人胡說。類似事件中，從事發之初到醫事官員或政府科學家提出最新報告之間會存在少則數小時、多則好幾日的時間差，這段空白需要有人來填補，可是政府科學家若是參與調查程序就很難自由對媒體發言。後來也沒能說服政府人員，公共衛生部新聞辦公室時常說我們請第三方專家參與的快速反應機制會妨礙他們執行業務。我能體諒他們的立場，理想世界裡新聞媒體會等水落石出才加以報導，可惜現實並不美好，我認為由優秀科學家率先回應全國性緊急事件才是公眾之福。

我們也向政府公關表達過另一點：記者通常並不只想聽到代表政府的專家意見，也想得到獨立科學家的評論，尤其危機事件中大家都預期政府科學家會承受政治壓力。我個人甚至認為記者會信任官方說法有個前提，就是訊息與獨立科學家的版本大致相同。但政府通訊人員總想掌控敘事，特別是高壓緊急事件時他們希望民眾都從官方來源取得清楚的公衛資訊。

科學媒體中心是以獨立科學家為主軸的新聞機構，希望有一天政府部門也能理解我們的價值，但似乎還得等上一陣子。

新冠疫情之前我們處理過的最大危機是福島第一核電廠事故。二〇一一年三月十一日星期五，當地時間下午兩點四十六分，日本東海岸發生史無前例的海底強震，芮氏規模達到九級，引發海嘯席捲太平洋海岸線，造成難以估算的損失與大約兩萬人死亡。當天我們所有時間幾乎都用在從地球科學家、工程師、海嘯專家取得評論並發送到媒體，傍晚下班時祈禱著累積的資訊足夠滿足媒體到週一。可是週六早上事態惡化得極其嚴重，因為損壞建築物之中包括福島第一核電廠。地震以後核電廠啟動安全機制緊急關閉了，然而電力系統被海嘯沖毀導致冷卻系統無法運作，若不盡快回復冷卻機能就會發生爐心熔毀的慘劇。當時在英國還是星期五晚上，我與一些同性密友舉辦年度聚會，入住度假勝地布萊頓一間時尚旅館，才要走進豪華spa就聽見最新消息，只能和大家說再見然後盡速趕回辦公室。

地震後的週二我們舉辦記者會，請來核電廠與地震兩方面的專家。海嘯和地震造成的傷亡人數到這天已經累計超過五千，日本政府將預估數字提高到破萬。第一核電廠內尚未傳出有人死亡，但記者卻揪著這個話題不放。英國媒體對於核輻射有特別的偏執，有位記者認為是傷人於無形的特性令民眾特別恐慌。當然從英國自身角度來看不無道理，我們也有核電廠，還打算再多蓋幾座。提問內容包括放射性煙羽會不會朝英國移動、需不需要撤離日本境內的英國公民。會場明明擠進三十位記者，隔天我卻發現報導文字不太引用專家談話，下標都走末日浩劫風格。一家小型報花了兩大頁版面塞滿「輻射食物」、「惡化風險遠超想像」、「核災區災民欲哭無淚」這些內容。

接下來幾週媒體的災難模式火力全開，情勢變得非常緊繃。福島佔據所有版面，標題淨是些「核末日」、「熔毀」、「人類滅亡」之類的東西。記者每隔幾小時就會冒出一波新問題：多少毫西弗[1]是過高？英國有沒有可能發生同樣情況？許多人聯想到車諾比爾，但科學家一再表示日本方面應該已經做了正確的災害管控，包括設置隔離區和配給碘片預防民眾暴露於輻射，因此不可能像車諾比爾事件那麼糟。

而且專家並沒有刻意淡化危機程度，其中許多人都曾經參與核安全議題討論或針對過往核災撰寫論文示警，內容不僅論及車諾比爾，也包括英國歷史上最嚴重的核事故，也就是一九五七年的溫斯凱爾（Windscale）[2]事件。即便如此，媒體報導仍充滿各種誤導和誇大，科學家們疲於應付。危言聳聽的小報並非唯一阻礙，歐盟能源事務專員貢特・歐廷格（Günther Oettinger）也對歐盟議會說：「有些人提起世界末日，我認為這個詞下得很

1　譯註：「西弗」（瑞典語 Sievert，符號 Sv）是衡量輻射量對生物組織影響程度的單位。

2　譯註：後改名塞拉菲爾德（Sellafield）。一九五七年，該地核電廠一號反應爐內的鈾金屬燃料點燃，釋放污染物進入環境。

好。」聽得學界眾人怨聲載道。一直大聲敲響警鐘，民眾就很難聽見鎮定理性的專家見解，但我們決心要做到。多數科學記者也願意同進退，各自在編輯部裡盡力將專業評論放入報導內文。

危機期間一直與科學媒體中心密切合作的科學家是帕迪．瑞岡（Paddy Regan）教授。他是薩里大學（University of Surrey）的核物理學家，發表過許多高品質論文，而且與日本的核能專家頗有交情，特別願意談論一些媒體有興趣的話題。瑞岡教授的溝通技巧十分出色，能將極度複雜的核物理知識轉換為易於吸收的語言。他受訪前甚至會準備好道具，以兩個白色塑膠燒杯代表反應爐核心，令我印象很深刻。能訪問到具有個人魅力、說白話而且願意協助觀眾理解複雜事件的核物理學家是件幸事，這點完全反映在節目主持人鬆一口氣的表情上。福島事件一年後他為科學媒體中心寫文章分享成為鎂光燈焦點的經驗：

> 訪談記者掌握背後的科學理論以後會提出很有深度的問題，每次都令我十分驚艷，也使我意識到身為科學家或工程師的重要性，或者說責任感。面對重大事故，身在專業領域的人有必要提供分析和評論。

獨立性是福島事件裡很重要的因素。某些科學領域很難找到真正獨立、沒有任何利益衝突的學者，核能就是一個例子。多數專家在生涯中多多少少曾經為業界工作或得到研究贊助，可是與業界有關係不該直接等同於失去評論特定事件的資格。福島事件期間，與科學媒體中心合作的專家也有業界背景，但他們也長期在優秀的同儕審查期刊發表研究、進入過地位超然的科學諮詢委員會。許多科學家來自聲譽卓著的機構，譬如曼徹斯特大學的道頓核能研究所（Dalton Nuclear Institute）以及政府出資的國家核能實驗室，業界仰賴它們的研究與專業，雙方合作是必然的結果。因此科學媒體中心的政策是請每一位科學家事先說明自己背後的利益衝突情況，並將資訊隨附評論意見一起發送給記者。我們常常建議科學家「毫無保留」，剩下的交給記者自己做判斷。不過很多學者苦惱的是記者雙重標準：專家收受企業資助就叫做明顯利益，但與非政府組織或動機明確的倡議團體扯上關係卻沒有成見問題。

某些評論者認為明確的資金往來不是問題，若產生團體迷思[3]才真的會扭曲媒體如何呈現科學。科學媒體中心固定與人才庫內許多科學家合作，所以也曾有人擔憂我們是否會推崇特定立場而忽略別的聲音。有這種顧慮很正常，我們也認真看待。但話說回來，將畢生心力放在研究核子科學以後還反核能的人未免太罕見，更何況大致支持核能的科學家未必不能針

3　譯註：團體迷思（Groupthink）是心理學現象，指團體決策過程中成員傾向讓自身觀點與團體一致，因而缺乏不同思考角度無法客觀分析。

對特定事件的危險發表可靠評論。再考慮到許多核能專家都是研究安全議題，換個角度思考不也該擔心他們會過分強調風險因素？

然而上述種種都不代表我們認為記者拿到評論會不假思索照單全收，又或者他們完全不會將其他意見納入報導內。科學上能成立的觀點往往不只一種，科學媒體中心呈現主流意見，不著墨在特殊或相對邊緣的見解，但記者沒必要將各種質疑拒於門外。

二〇一一年十一月，市調公司YouGov為核能產業協會進行民調，顯示福島事件八個月後大眾對英國核電的支持度與前一年幾乎不變。科學媒體中心的角色並非說服大眾對核能採取特定立場加以支持或反對，也無法確定危機期間的新聞究竟如何影響民意，不過歷經媒體危言聳聽和不實資訊的轟炸，看見英國社會並未直接放棄零碳排的能源令我們頗為欣慰。這個現象與歐洲其他國家形成強烈對比，連德國也不例外，當地反對聲浪太強勁，總理梅克爾被迫在事件後不到三個月內宣佈廢核。我個人猜想是福島事件引發核能議題正反雙方的辯論，優秀科學家加入以後效果得到難以估計的放大，正好促成了核能業界多年來一直提倡的公開對話。雖然需要一次災難才達到這個結果令人感慨，但也提醒了我們危機就是轉機，最適合以科學和證據開啟公眾討論。

兩年後，以科學媒體中心為藍本打造的教育媒體中心成立，我也前往西敏宮眾議院參加開幕式。創辦人前工黨教育部長莫里斯女爵說她到福島事件後才認識科學媒體中心，契機是留意到二十四小時新聞臺訪問了為數眾多的科學家，好奇是誰協助安排他們上媒體。她說自己從訪談裡學到的核輻射知識遠超學生時代上的課，也因此認為同樣模式能在教育上發揮良好作用。

探討事件成因與解決方案時常會有政治力介入，也因此我更堅信有必要保障科學家在突發新聞事件之中不缺席。部會首長承受太大壓力，處理多面向複雜問題卻得提出簡化的解釋或對策。我們團隊始終認為危機之初會有非常短暫的空檔，通常僅僅幾天時間內大家充滿好奇，願意探究事實真相和瞭解議題背景。這段期間裡，與我們合作的科學家在記者會和訪談中回答各種開放式問題，無需擔心捲入政治紛擾。可是時間真的很短，我們只能賭賭看政治圈過多久會開始爭論何處出差錯、要如何彌補。口水戰開始以後，尤其是危機的某個特定層面若在政壇或媒體上引爆了，就比較難說服科學家參與討論。特別凸顯這種問題的新聞事件是二〇一三及一四年冬天的薩默塞特平原區（Somerset Levels）水患問題。

新聞出來以後很多並非科學家的人將洪水歸咎於當地河川沒做清淤。這個解釋簡單明瞭，自然受到媒體喜愛。將洪水詮釋為單一因素並聲稱未來能夠防範也容易得到民眾認同，彷彿政府大刀闊斧很快就能看見成果。問題在於事實並非如此。根據頂尖水文學者的說法，清淤或許能夠減少平原積水的時間，但事發當時是連續暴雨造成的極端洪災，即使清淤了結果也不會有太大改變。過度清淤甚至有風險，許多情況會造成下游地區的水災更嚴重。

但事後的媒體辯論卻很難容得下真正的專家意見。首先清淤集簡單、確實、清楚於一身，不僅媒體喜愛、可能大眾接受度也比較高，很多記者只想從這個角度切入。再來隨著新聞越來越政治化，獨立科學家也就越來越不想蹚渾水。有一次記者會原訂計畫是針對清淤做說明，澄清媒體與大眾持續不斷的誤解，然而科學家抵達會場以後他們的公關卻將我拉到一旁說：週末期間局勢變化太大，幾位專家決定不對清淤做任何回應。我當下真不敢相信自己的耳朵，開口請他們重新考慮一下，難道要我叫現場那麼多記者閉口不問媒體最關心的話題嗎？可惜他們說自己是別無選擇，而且看上去與我們同樣無奈。要是早點通知的話，我們應該會直接取消記者會。所幸還有不少資料能談，科學家深入闡述了水災背後的複雜要素與多變成因。但科學家明明覺得當前敘事內容有誤或具誤導性卻迫於社會氛圍不敢提出質疑，這個狀況不應該發生。

我沒有追問幾位學者為何要對清淤避而不談，但經歷過足夠多類似場面，所以自己大概猜得到。恐怕是高層授意，訊息由政府部門向外傳遞到資助機構。身為科學家，資助機構要求避開某些議題的時候很難拒絕。但身為公民，我們應當有所警覺：記者會過後一週左右，某天醒來新聞報導說政府宣誓將在清淤工程投入數百萬英鎊以預防洪災。學者受到壓力無法表達意見的同時，大筆公帑消耗在專家不認為能解決問題的地方，我看不出誰從其中得到好處。

[184] 議題政治化並非科學家發言的唯一阻礙。有時候輿論走勢會與科學事實相反，這在高度涉及人性的事件上尤為明顯。一旦情緒被挑起，沒有誰願意表現得冷酷無情、無視他人苦痛，結果狀況反而很難處理。需要作出艱難決定時，我們應該依據可靠確實的證據，但在此之前更必須瞭解證據內容是什麼。理想上，科學家要不怕輿論反撲說出真相，但現實很少如此圓滿。不僅科學家會迫於情勢，背後的公關室也想維護機構聲望，從他們的角度觀察，捲入挑動情緒的爭議事件弊大於利。

查理・嘉德（Charlie Gard）和奧菲・伊凡斯（Alfie Evans）是兩個重病孩童，他們的父母與醫療團隊對於是否繼續維生醫療意見分歧。這樣的悲劇令人痛心，也佔據媒體相當大版面，雙方展開激烈訴訟戰的新聞綿延數月之久。那段期間科學與健康兩組分線記者的邀約十分踴躍，科學媒體中心也積極鼓勵專家發言。具有相關專業的臨床人員多數隸屬於大奧蒙德街醫院（Great Ormond Street Hospital）或奧德海兒童醫院（Alder Hey Children's Hospital）這種健保署信託機構，我們聯繫後發現有些人儘管有意願，卻已經被醫院高層要求不准與記者談話。這種考量不難理解，但仍造成很大挫折感。後來包含教宗、川普和德蕾莎・梅伊都上過媒體談論查理・嘉德，這方面真正的專家卻受到限制無法出聲。少數例外之一是牛津大[185]學醫療倫理學者多米尼克・威爾金森（Dominic Wilkinson）教授，他在兩個事件中都連續好幾週不斷接受採訪。然而這種程度的專家參與遠遠不夠，醫藥記者無法在報導中正確反映專業醫師的見解，大眾只能掌握到事件全貌的一部分而已。

啟動快速反應機制以後，邀請科學家參與的困難度與緊急事件本身性質有很大關係。新冠肺炎是最為慘烈的大危機，但找科學家受訪一點困難也沒有，因為他們也認為媒體工作能直接敦促大眾做好防範以降低感染率。換作其他大事件就會比較複雜，前面提過的李維寧科中毒案是一個例子，二〇一八年索爾茲伯里毒殺事件中，另一位前俄國軍官及其女兒遭受軍用神經毒劑諾維喬克攻擊（受害者還有一位英國警官與兩位平民，平民之一身亡）也特別敏感。這種案件中，相關領域科學家多半在位於波頓當（Porton Down）的國防科技實驗室工作，原本就是英國最機密的研究設施，所以不可能輕易對外公開講話。還有二〇一〇年冰島艾雅法拉冰蓋底下的火山爆發，灰燼雲嚴重到造成國安問題[4]，科學家也不方便隨便對媒體表示意見。

莫里斯女爵就福島危機讚賞科學家在公眾教育扮演的角色，這也印證了我一直以來的信念：輿論沸騰是危機也是轉機。不過接洽某些專家組成的團體時，對方似乎沒接收到這個訊息，譬如福島事件中我們聯絡某個研究輻射的小型學會，希望對方能派代表發表看法，結果對方回絕的理由是所有資源都要投入準備已久的「輻射週」。二〇一八年還有類似經驗，英

4 譯註：火山灰噴發至高空導致周圍數國關閉領空。

國土木工程師學會（Institution of Civil Engineers）拒絕針對義大利熱那亞的橋梁倒塌事故派專家受訪，原因也是他們要準備「橋梁週」。對於小型學會而言，利用社群平臺進行資訊推廣活動自然很重要，但我覺得很可惜，因為連酒吧裡大家都在聊核災、聊橋梁設計了，他們卻沒想過災難事件是傳播相關知識最好的機會。福島核災與「輻射週」——何者能給大眾更深刻印象應該顯而易見。

媒體運作有其原理，所以吸睛的標題、政治上的口水戰和踢皮球都很難避免，全國性危機時更是如此。理性冷靜的專家意見想要突破重圍就如逆流而上般困難，但專家意見能傳遞出去則對公共利益大有幫助。對突發新聞做出快速回應至今仍是科學媒體中心最重要任務之一，我們幫助決策者和社會大眾獲取講解證據、真相、事實的權威意見，但這種服務的先決條件是科學界有意願與媒體互動，也需要學術機構和媒體雙方都承認傳播渠道的價值。全國性緊急事件發生時，機構公關常常基於各種理由反對甚至禁止科學家從事媒體工作。倘若科學家公開評論爭議話題帶來的害處竟比益處多，那樣的世界才真的值得我們憂心。

8 性別歧視的教授？

蒂姆．亨特的慘痛經驗

蒂姆．亨特爵士名譽掃地這件事情其實根本算不上是科學新聞，卻在二〇一五年夏天霸佔頭版長達好幾個月，並且是我參與過最大型的科學家個人事件。許多平常不關注我工作內容的親友這回態度截然不同，從我母親那一輩的年長朋友到有名的克拉彭公車[1]上的共乘旅客們都聊起蒂姆．亨特這個人，甚至有位劇作家朋友認真考慮要改編這個事件。科學界大多數人反應正好相反，巴不得大家趕快忘掉這件事。

風波始於二〇一五年六月在南韓首爾舉辦的世界科學記者大會，一次午宴由南韓女性科學家主持。根據證人說法，亨特敬酒時說了這樣的話：「來說說女性對我造成的困擾好了，她們進了實驗室會有三種結果：你愛上她們，她們愛上你，你批評她們的話，她們會哭。」這段話冒犯到在場的一些人是意料之內。

1　譯註：克拉彭是實際存在的公車站和公車路線，但「克拉彭公車上的人」在英國代指正常且理性的人。原始出處為英國司法體系用於判斷當事人狀態的模型。

我從一位參加那次大會的前同事口中得知這件事。二〇〇九年大會地點在倫敦，當時我擔任議程委員會主席，過程體驗十分良好。然而我有個揮之不去的感覺：世界科學記者大會似乎有些輕視科學公關，甚至也包括與科學媒體中心合作、每天需要為新聞產線生出四五篇報導的的科學與醫藥記者。英國的「科學寫手」大多不參加，畢竟這些報刊和頻道需要記者日日辛勞，哪有餘裕來給他們跑到國外參加為期四天的會議，只為了討論自己的工作？這場會議主要吸引通常有正式科學背景的自由撰稿人，或是專業刊物如《科學人》、《新科學人》或《自然新聞》的科學記者。

所以我第一反應是微微困惑，不明白蒂姆．亨特怎麼會出席。當時我對他不熟悉，但曾與癌症研究中心和皇家學會的公關人員聊到過，大家普遍認為他不太懂得人情世故，不會安排他上鏡頭。就這方面而言，他和二〇〇一年共享諾貝爾生理醫學獎的保羅．納斯爵士完全相反，後者的媒體表現堪稱完美。我不禁懷疑究竟是誰出了餿主意讓他參加那場活動。隔天我那位前同事繼續提到這件事，其他參加大會的朋友也捎來消息，接著是英國廣播公司第四臺《今日》的湯姆．菲爾登傳訊息問我有沒有蒂姆．亨特的手機號碼。身在首爾的那些朋友語氣變得惶恐，彷彿預知到一場新聞風暴即將席捲而來，但又無法判斷事件走向。

翌日清晨，我醒來時發現這則新聞已經登上《泰晤士報》頭版，在推特公開此事的記者也接受《今日》直播訪問，她說自己難以置信一位知名英國科學家竟然在公開說出這種話。

接下來的幾個小時到幾天之內該發生的都發生了。蒂姆．亨特的言論在推特鬧得沸沸揚揚，整件事情可以拿到強．朗森（Jon Ronson）的知名著作《你被公然羞辱了》（*So You've Been Publicly Shamed*）裡當作新的一章。這本書搜集了很多案例，無論推特、評論或開玩笑，考慮不周、一時失察的話很可能毀掉整個人生。《今日》節目最初的報導有一段亨特的回應，是他從首爾機場搭機返國前錄下的，聽起來非常迷惘困惑，還不明白自己為什麼處於媒體風暴的中心。蒂姆．亨特指出自己當時語氣是輕鬆中帶一點諷刺，並解釋自己就是在實驗室裡與現在的妻子相識相愛。他為冒犯任何人道歉，聽起來真心感到懊惱，問題是他似乎不明白自己究竟做錯什麼。這種道歉方式與擁有龐大公關團隊的政客和名人不同，並非一場經過精心策劃的表演。然而，蒂姆．亨特回到英國前，他任職的多間機構已經起草辭職信，之後會強烈建議他簽署送回。

亨特的處境之於科學媒體中心是個難題。某種程度上，我們存在是為了幫助捲入媒體風暴的科學家，並就科學相關的新聞提供評論。但嚴格來說這個事件並不能算是「科學新聞」，也不會對公眾的科學認知產生重大影響。另一方面，由於沒有完整且準確的現場報告，無法掌握事件全貌令我有點心慌，例如亨特到底說了多少話、聽眾反應如何，這些部分都傳出許多矛盾訊息。不過科學媒體中心一貫立場是擁抱爭議而非逃之夭夭，對一場全球輿論狂潮袖手旁觀實在不合適。媒體風暴不等人，而且這次有幾位科學家主動想要發表意見，也有記者願意採訪他們，所以幾通電話以後我們就如往常開始尋求學界反應。

可是這一次到底該聯絡誰竟然都成了一大挑戰。人才庫裡有「幹細胞」或「氣候變遷」這種關鍵字標籤，但不會有「性別歧視教授」這種東西。我們主要聯繫了推廣女性參與科學的學者，比如生物技術與生物科學研究委員會執行長賈姬．杭特（Jackie Hunter）教授，以及劍橋大學首任性別平等大使艾瑟妮．唐諾（Athene Donald）女爵士教授。就像其他重大新聞一樣，我們徵求科學界重要人物的意見，包括一些大學校長、幾所研究機構和皇家學院的執行長和主席等等。接下來二十四小時內我們發布十條評論，無一例外譴責了亨特的言論。賈姬．杭特的意見能夠總結當時氛圍：「在消除科學界，特別是資深人員的無意識偏見方面，我們還有很長的路要走。但從這次的（有害）言論來看，甚至連有意識的偏見也依然存在。」

我完全能理解亨特等人為何對此感到憤怒。一部分傑出男性科學家性別歧視很嚴重，不只她們身受其害，毫無疑問也導致許多前途光明的年輕女性科學家放棄實驗室工作。而亨特輕率的言論呼應了那種態度。

我們忙著為提供評論的科學家安排媒體採訪，但過程中注意到兩個有趣現象。首先，認識亨特與不認識亨特的女性科學家反應截然不同，前者堅稱亨特沒有性別歧視，後者則極為憤慨。再來則是我接到一些資深科學家和研究機構來電請我幫忙亨特，他在《今日》節目裡表現倉皇失措，許多同事朋友認為他需要有經驗的公關人員協助應付媒體。其中幾通電話提到所屬單位的公關室不敢公開聲援，因為上頭已經要他們設法切割或幫忙擬辭呈。

同一天稍晚我打電話給亨特，當時他正在希斯洛機場等行李。首先我問他知不知道事情多嚴重，他不以為意地表示知道自己說了蠢話但應該無傷大雅。我只好換個方式溝通：「蒂姆，你還沒聽懂？相信我，你麻煩大了，非常非常大。」只能說，歡迎歸國！

翌日我們見面，距離失言還不到七十二小時，但亨特已經被倫敦大學學院和某皇家學會的授獎委員會除去榮譽職，再隔一天歐洲研究理事會（European Research Council）也會將他除名。或者從這些單位的角度來看，是「接受他辭職」。這個時間點上我能幫的不多，雖然有之前大衛・納特教授的解職事件可供參考（詳見第五章），但要亨特學他周遊各大媒體感覺不是好主意。亨特的幾位朋友認為應該幫他撰寫一份圓滑體面的道歉聲明，我同樣覺得不太妥。我不喜歡看起來不真誠、能感覺到有人在幕後操盤的那種道歉，而且社會大眾很可能會看穿。再加上根據情勢研判，再怎麼道歉還是會有不滿意的人窮追猛打。

記者都知道我與亨特接觸了，開始追著要求採訪他。後來有些評論說我「暗中」相助，我倒是可以大方地一笑置之：亨特走進科學媒體中心的時候，英國主要的科學記者正好從擁擠的簡報室魚貫而出。有些科學記者挺有趣，之前在推特上抨擊亨特，這時候打電話過來說只要能採訪一定對他很客氣。

有件事情我印象特別深刻。一位頗有份量的廣播主持人也有意邀請亨特上節目，但前提是他在訪談前與訪談中都必須表現出「懂了，真的懂了」的態度。我問這話究竟什麼意思，對方回答是要亨特理解自己對科學界女性造成多大傷害、明白自己已經成為當代科學界沉痾的代表人物。然而在我看來，亨特完完全全就是不「懂」。與他聊沒多久就發現他對自己的處境一無所知，也缺乏能夠參照的生命經驗。在我的世界裡媒體亂象、推特趨勢與科學爭議都很稀鬆平常，但亨特的生活只有癌症研究，再來是為歐洲作育下一代英才。第一次見面他就拿出了筆電，給我看的東西與那場大會或他說了什麼話毫無關聯，而是一大堆艱深難解的數據與圖表，出自他看了很興奮的最新癌症研究論文。亨特對新聞一點興趣也沒有——他連廣播都是聽英國廣播公司第三臺[2]。

我與亨特相處越久，就越覺得讓他隨便接受訪談的後果不堪設想。問題不在於他是不是所謂的沙豬，而在於他無力應對這種局面，也無法好好將話講清楚。有人說他想為自己開脫，但我從來沒看過亨特對外提出解釋或辯護，他也從未提起那段話是否因為上下文會有不同解讀。其實亨特遭到有心人選擇性引述了，但連這件事情也得等到後來才有記者揭發。外界執著於誰在何時說了什麼，亨特自己一點興趣也沒有。

2　譯註：英國廣播公司第三臺為音樂頻道。

初次見面我就請他說明大會當天詳細經過。亨特說之所以參加是受邀發表主題演講，講完馬上接著午宴，然後敬酒的時候就說錯話了。他還提到演講有點脫稿，因為設備問題導致投影片順序錯亂。雖然後來修復，但他覺得自己沒能呈現最佳版本，去用餐場地的時候心裡煩躁又懊惱。安排亨特參加大會的好友馬西諾・高迪納（Massimo Gaudina）是歐洲研究理事會的媒體顧問，原本應該陪在身邊卻在最後一刻沒能出發，所以他心裡有點失落。最後一點，也是亨特剛下飛機時以為無傷大雅的關鍵：他說敬酒的當下與之後，在場沒有任何人表達不滿，就連推特上披露此事的記者們也都沒找他要個回應。隔天早餐倒是有位認識的美國記者向他提起了，但亨特記憶中對方只是點到為止，並未嚴厲斥責。

我安排的第一次訪談是平面媒體《觀察家報》的科學編輯羅賓・麥基，不僅資歷超過三十年也曾經多次報導亨特教授過往的研究。麥基事前強調：如果亨特真的表現出性別歧視，或再有任何歧視言論，他一定會如實寫進文章內，所以別期待訪談會走溫馨無風險路線。我認為很合理，也相信麥基會給亨特一次公平的機會。

原本亨特還是不想去。我一開始就決定不刻意過濾訪談邀約，僅止於提出個人看法之後就讓他自己判斷。我提供我認為他需要的協助，但畢竟我不是他背後的正式公關，所以我也鼓勵他向認識的公關人員尋求建議。而且我對於讓他受訪還是有猶豫，雖然過去我一向主張無論風險高低、敏感與否都要讓科學家有發聲機會，但並非我的立場有所動搖，而是因為性質本就不同。過往案例如氣候變遷和動物研究，公眾有權聽取專家意見，科學家為了保護自己的專業也應該澄清不實資訊。然而這個案例中，即使資訊有誤也是傷害到亨特本人而不是他的研究，為他挽回聲譽並不是我的職責。話雖如此，我不希望亂出主意導致他處境更加艱難。

既然亨特不具備為自己辯護的意願或能力，接受採訪就不能期待成效反而得擔心風險過高。但同時我又認為他至少應該做一次訪談，對象若是各界敬重的科學記者或許能稍微緩解壓力，加上我希望外界能聽見他真正的聲音。解釋這些想法以後他勉為其難點頭了，麥基那邊也答應我可以陪同，於是兩個人一起前往赫特福郡他們夫妻居住的小屋。亨特的妻子是任教於倫敦大學學院的瑪麗・柯林斯（Mary Collins）教授。

我沒有為亨特受訪準備任何「臺詞」，應該說根本沒做任何準備。習慣危機處理的公關聽了大概會傻眼，也有很多人會認為我這種態度非常不負責。我不打算反駁，但一來我直覺認為亨特這種人不適合巧妙的公關辭藻，再者那並非我的專長，而且恐怕無法打動羅賓・麥基，他重視科學與實質更甚形式。還有一點：我逐漸察覺這位科學家備受愛戴是有道理的，他很可能無需旁人指點也會自然而然爭取到大眾的同情。

麥基很想順便聽聽柯林斯教授的看法，我個人也很好奇她要為丈夫辯護還是批評丈夫，於是便請亨特代為轉達。我對柯林斯教授除了同情還是同情，她平白無故一覺醒來忽然捲進全球媒體風暴，話題還是她畢生致力對抗的科學界性別歧視。最初柯林斯教授拒絕了，但我們抵達以後她又回心轉意，決定站出來表態，對夫妻倆孤立無援的泣訴後來成了報導標題。她真的很憔悴，訪談大部分時間將臉埋進手掌裡。「他那句話確實蠢得不可思議，」柯林斯教授並不避諱這點，還補充說丈夫說話方式有時候真的很古板，「但我是個女性主義者，如果他歧視我怎麼可能會忍受。」她描述了丈夫接電話的那瞬間——亨特協助創立了歐洲研究理事會，對方現在卻來逼他辭職，夫妻倆只能挨著彼此淚流滿面。

聽到這裡其實我心裡已經有了底：蒂姆．亨特配不上科學界性別歧視代言人這頂大帽子。後來我公開表達過這個想法，有些人認為我結論下太快，我就不得不指出我還花了好幾天時間，很多評論者下判斷的時間連一天都不到。還有一個差別在於我打了大約十通電話聯繫曾與亨特密切合作的女性，她們所有人說法與之後的多個消息來源不謀而合——蒂姆．亨特指導年輕學子不遺餘力而且不分男女，對許多學生的學術生涯產生了實質影響。

我知道亨特的言論帶有性別歧視，我也明白許多女性的學術生涯夭折在實驗室的歧視風氣之中。但太多人認定他會說出那樣的話就代表他常打壓女性同儕，在我看來先入為主得過分了，得有個人出來端正視聽。包含奧托琳．雷瑟（Ottoline Leyser）女爵士教授以及瓦萊麗．貝拉爾（Valerie Beral）女爵士教授在內，不少一輩子對抗科學界性別歧視的傑出女性科學家都曾在學術生涯中與蒂姆．亨特密切合作。她們不為亨特失言做辯護，卻也不樂見大眾對他的品行做出草率評斷。這未必是世代差異，亨特某個實驗室的西班牙籍年輕研究員亞麗莎．艾瑞柯（Alessia Errico）博士主動與我聯繫，她與其他女學生都覺得受到教授很多照顧，急著想將自身經驗告訴社會大眾。我的建議是投稿《自然》，她就在期刊上發表自己與亨特共事的感想，六年期間不僅工作愉快還得到對方的支持與鼓舞。亨特曾經說動她去科學會議當著一眾大人物的面發表聯合研究成果，這段敘述提到：

> 我見過科學界以至於社會整體的性別歧視與偏見。我聽過女性同事離開工作崗位生小孩會被說得多難堪。問題確實存在，也急需關注，但將蒂姆視為性別歧視的象徵加以撻伐實在非常不公平。

她總結說：科學界除了需要除了女性楷模，也需要激勵後輩的導師。

儘管媒體大肆關注，努力想挖到更多案例來證明亨特性別歧視，但後續出現的證詞不但不將他形容成鄙視女性的惡霸，反而逐漸描繪出仁慈慷慨的形象。他的前妻接受《每日郵報》訪問，自稱激進女性主義者，卻表示：「我覺得他沒問題。」也有人提到亨特成功推動沖繩科技大學設立托兒所，並曾嘗試在弗朗西斯克里克研究所推行同樣政策（但沒成功）。亨特一如既往，從未自己張揚過。

極力與亨特撇清關係的人其實私下對我表示過遺憾。英國科學協會執行長伊姆蘭・汗（Imran Khan）透過科學媒體中心表示譴責，還要求亨特退出年度青年科學家的評委會，但他表示十分捨不得，因為亨特一直是最用心、最願意花時間的評審。諾貝爾基金會一位朋友含淚描述亨特指導年輕科學家多麼謙遜慷慨，特別指出他與許多自負的得獎人是天壤之別。

英國皇家學會沒有撤銷亨特的會員資格，但在強大輿論壓力下仍要求他辭去一個頒獎委員職務。當然這次「辭職」還是上了新聞。我詢問學會高層是否認為亨特的性別歧視曾經或可能影響評審工作，他們均表示否定。不過學會也有自己的立場，亨特不幸公開失言為自己塑造出沙文主義者形象，他們採取行動也是迫不得已。歐洲研究理事會也是類似態度，我接觸到的每一位內部人士，包括主席、科學家以及公關人員都想支持亨特，而且理事會內有人與亨特一起參加了大會午宴，特別將他當天發言記錄做成逐字稿，以機密報告形式在內部流傳。這份報告的內容與外界版本有很多出入。只可惜歐盟委員會高層無視理事會應有獨立地位且有自己的主席，強硬要求亨特辭職。

先前亨特挹注大量精力在歐洲研究理事會上，包括頻繁出差宣傳歐洲科學圈的優點，而且行程排到好幾年之後，實質來說根本是為研究理事會工作。但傑出科學家通常身兼數職，亨特也有許多榮譽職銜，其中一個在倫敦大學學院。他從未受到校正式聘顧，但倫敦大學學院卻一馬當先宣佈終止與他合作，此事登上國內外媒體版面。該校許多資深學者希望校方態度強硬，以為盡快處理掉亨特可以展現學校堅定支持女性科學家的立場。然而事情發展出乎預料，其他人對此舉表示不滿，認為沒有經過合理程序就妄下判斷十分草率。亨特的妻子柯林斯教授接受《觀察家報》訪問時透露事情經過：丈夫從韓國起飛還沒回到英國，她就接到高層同事的電話，對方表示若亨特降落後不主動辭職就會被他們解職。（整個事件中，只有該校科學通訊人員指出一個重點：亨特根本沒有受僱，何談辭職或解職。倫敦大學學院從頭到尾沒必要發表聲明或介入。）身為該校資深學者，柯林斯教授不可避免夾在僱主與丈夫之間。我感覺她受到的打擊比丈夫更深，亨特不諳世事反而有空間能逃避，柯林斯教授與科學圈的現實關係緊密，遭受外界孤立的感受自然更明顯。

我不確定為什麼媒體輿論轉向支持亨特，但事情就這麼發生了。《泰晤士報》最先報導失言事件並引發全球關注，但不到一週該報又發表社論支持亨特，抨擊背棄他的機構「比他更丟臉」。根據一位記者透露，轉捩點是報社編輯在晚宴上被朋友們斥責了。後來《泰晤士報》力挺亨特，邀請布萊恩．考克斯（Brian Cox）和理查．道金斯（Richard Dawkins）等知名科學家為亨特發聲，這些學者也欣然同意。知名科學家聯絡完之後，《泰晤士報》又找了倫敦大學學院的高知名度校友如大衛．丁柏比（David Dimbleby），他為表抗議甚至辭去自己的榮譽職銜。《泰晤士報》做了足足六個月的追蹤報導，每個轉折點都不放過。

隨著時間推移，戰線逐漸明朗。《每日郵報》跟進《泰晤士報》支持亨特，《衛報》則發表社論為倫敦大學學院辯護：

> 「亨特陣營聲稱女性主義者過於缺乏幽默感，無法理解那是個玩笑。但倫敦大學學院教務長麥可・亞瑟教授（Michael Arthur）上週五解釋亨特為何不能復職時也說得十分清楚：該校是出了名地支持女性科學家，若有人嚴重破壞學校在這方面的聲譽，即使是一位七十二歲的諾貝爾獎得主開錯了玩笑，就校方立場也不能容許他保留榮譽職銜。

許多女性科學家逐漸沮喪，覺得這次爭議淪為目光短淺的黨爭。她們向我表達意見，我便試圖將評論焦點提高層級，從個人言行轉向女性在科學界面臨的諸種問題，也取得一些成果。包括英國廣播公司第四臺《女性時間》（*Women's Hour*）在內，媒體開始探討系統性、結構性的癥結。不過多數時候大家依舊是二分法，支持亨特和批評亨特的兩派透過選邊站的媒體彼此叫陣，而亨特本人從未現身。其中一幕特別離奇：《太陽報》專欄作家兼前議員路易絲・曼施（Louise Mensch）與作家丹・瓦德爾（Dan Waddell）各執一詞針鋒相對，就如何詮釋事件寫了好幾萬字駁斥對方。

一場失言風波不知為何能夠延燒數月之久，幸好過程中也偶有趣味。《泰晤士報》記者湯姆・惠普爾（Tom Whipple）性格聰明友善，特別熱衷於奇聞異事，例如黑猩猩性行為、或者烏鴉解決問題的能力。儘管他不情願但無法拒絕上司的指派，那六個月期間成了「蒂姆．亨特御用記者」，在主編指示下用盡手段製作追蹤報導。有一次我在皇家學會頗負盛名的年度夏季晚宴上發現他偷偷摸摸待在角落，原來又被要求利用整晚時間拉攏更多著名科學家站出來支持亨特。也有流言說他潛入過倫敦大學學院進行決策的祕密會議，但被人強行趕出去。

事件爆發後有意義的新資訊並不多，其中之一是亨特那句據稱僅僅四十八字的敬酒致辭，但實際上有好幾倍長。兩週後《泰晤士報》根據一位在現場的歐盟官員製作出逐字版本，內容如下：

> 像我這種沙文主義豬怎麼會被邀請來與女性科學家對話呢，真是太奇怪了。來說說女性對我造成的困擾好了，她們進了實驗室會有三種結果：你愛上她們，她們愛上你，你批評她們的話，她們會哭。或許實驗室也應該分男女？好了，認真說，我對韓國的經濟發展印象深刻，女性科學家無疑在其中扮演重要角色。科學需要女性參與，無論妳們遇到多少障礙都要堅持下去，就算遇到我這種沙豬也別放棄。

後續報導進一步引述這位歐盟官員的說法，其實午宴現場對亨特的致辭反應良好，與指控方描述的尷尬沉默完全相反（甚至有人在英國廣播公司第四臺形容為「一片死寂」）。午宴主辦單位韓國國家科技研究理事會一位女性對記者表示「亨特能即興發表這麼溫暖又幽默的演講令她大為驚喜」。

後來幾天好幾位與會者證實上述說法。其中一位是俄羅斯科學記者娜塔莉亞・德米娜（Natalia Demina），她自事件之初就一直在推特上反駁各種對亨特的指控。

這些新事證大大鼓舞了亨特支持者的士氣，他們主張亨特教授或許表達笨拙，但言論主要是自嘲而非貶低女性科學家。我不像他們一樣興奮，因為到這個階段多數人已經對亨特下了定論，認為他罪有應得的那一派不太可能輕易動搖。對許多人來說，無論意圖或脈絡，他的言論不可原諒且傷害到女性。我無意干涉他人想法，對我而言新發現更大的意義在於揭露了原始報導的可靠性問題，內容似乎帶有選擇性。

後來幾年我經常思考自己支持亨特並給予協助是否正確。一如外界紛擾，當時科學媒體中心內部對此也意見分歧，有些人認為我對這位學者同情過度，另一些人則希望我能為他做更多。那時候顧問委員會一員是卡地夫大學科學家克里斯・錢伯斯（Chris Chambers），他強烈反對我在這件事情上的做法，雙方透過長篇電郵認真辯論了好幾週。主席喬納森・貝克（Jonathan Baker）態度是擔憂，他不確定我們的專長是否適合用來支援亨特。另一位來自《泰晤士報》的顧問費伊・施萊辛格（Fay Schlesinger）則希望我將亨特的獨家新聞提供給他們而非《觀察家報》。我自己至今仍不確定對錯，畢竟是個非常罕見的情況，很難得三言兩語就得出明確結論。儘管我公開表態支持亨特，但科學媒體中心基本上也只是引述他人談話、安排採訪或者發佈資深女性科學家的特稿，她們有一部分人對亨特的言論十分不滿，希望藉此機會凸顯女性在科學界遭遇的阻礙。

該如何看待這次事件呢？感覺又是一次莎士比亞色彩的悲劇，無法想像有誰從中受益。我實在不確定能學到什麼，一定要說的話：已經是全球社群媒體的時代了，從事科學傳播的人可以藉由蒂姆．亨特事件進行反思，我們必須在快速回應媒體需求、對相關人物盡到關懷義務、儘早確立事實這三者之間找到平衡點。正如曾任政府通訊主任的盧瑟潘卓岡公關公司高級合夥人麥克．格拉納特對我所言：

> 對優秀的公關人員來說，快速得到認可很重要，是敏銳度與行動力的必要展現。然而他們也明白在所知有限的前提快速做出判斷是個陷阱，特別容易被運動人士、偶然事件或兩者同時觸發，所以必須學會站穩腳步。

或許各機構現在應該為未來的類似情況制定一些基本規則，避免再一次受到情勢所逼。我建議其中一條應該是：任何科學機構都不應僅根據國內新聞或社群媒體的報導就對與其有關聯的科學家做出重大決策。

＊

科學媒體中心每年都會舉辦耶誕派對，寄出的邀請函會調侃該年度的重大科學新聞。那一年，我們告訴來賓著裝規範是「令人分心地性感」，致敬了亨特事件之後流行在社群媒體的主題標籤。許多女科學家們在這個主題標籤底下貼出自己工作中的照片——穿著實驗袍、戴著護目鏡與頭盔、甚至全身生化防護服。我們邀請了亨特夫妻，還擔保他們在記者雲集的場地也不會出事。兩人接受了邀請，但派對還沒正式他們就表示即將離開英國，因為柯林斯教授在沖繩科技研究院獲得高階職位。事件發展到最後，英國竟然失去一位傑出女性科學家，這實在令人感慨萬千。隔天清晨立刻有記者打電話詢問派對上的傳聞是否屬實——亨特夫婦真的要離開英國？終究出事了，我為此向亨特致歉，但他倒是不以為意。對他而言，被寫進要去日本的新聞不算什麼大問題。

我也在自己的部落格講述過蒂姆．亨特事件。文章提到儘管科學象牙塔對許多女性而言依舊大門深鎖，但將亨特博士的頭顱掛在門上無助於性別平等。事隔六年，我的結論不變。如果解雇他或逼他辭職的人認為自己獲勝了，那麼應該想想代價到底有多大：英國不僅失去一位最傑出的女性科學家，同時又失去另一位最誨人不倦的好老師。

9 同床異夢

科學家與科學記者間的緊張關係

為了新成立的科學媒體中心負責人一職準備面試期間，我讀到許多科學家的意見，他們指出媒體對MMR疫苗和基因改造等議題的報導削弱了公眾對科學的信任。然而，當我更深入閱讀當時的科學新聞時卻發現情況並不那麼單純，許多嘩眾取寵的報導出自綜合記者或政治與消費的分線記者，消息來源是善於操縱媒體的運動人士而非優秀科學家，反觀科學記者筆下的報導則多數公正平衡。中心成立後的頭幾個月主要是諮詢，過程中我與一些傑出的科學記者交流，詢問新的科學新聞辦公室如何產生價值，他們花了很多時間回應我接二連三的提問。互動中我清楚意識到科學記者不需要別人教他們怎麼做報導，而且他們其實與科學家一樣苦惱，覺得手機、核能、複製技術等等議題有太多聳動新聞。後來討論焦點就放在科學媒體中心如何改善現況，方法包括鼓勵科學家接受訪問，以及提升科學專業在編輯室內的地位。

一種說法認為科學記者是個特別的記者類型。有人向英國廣播公司前新聞部主任弗蘭・安斯沃思（Fran Unsworth）提出疑問：為何她們的公司高層很少人有科學報導背景？她短暫遲疑後回答：英國廣播公司的科學記者大都熱愛自己的工作，喜歡報導更甚於管理。我在其他媒體也注意到同樣現象，許多科學、醫藥、環境記者在專門領域耕耘超過二十年。湯姆·菲爾登被問到為何熱愛科學報導，他的回答是：

科學報導的內容幾乎都是探索性而非指控性——代表我和科學家都能開開心心回家！而且我能在自由出入實驗室、見到地球上最聰明的一群人、對他們的畢生心血提出各種粗淺的問題，這是多麼大的特權。再來科學新聞多彩多姿，生醫、太空、氣候、生物多樣性、古生物……最後一點，科學新聞很重要，是現代社會不可或缺的一部分。

二〇〇二年科學媒體中心剛成立時，社會上針對科學和媒體之間為何緊張有過一波辯論，其中一個話題是科學價值觀與新聞價值觀的矛盾。已故的理查·多爾（Richard Doll）爵士教授是發現吸菸與癌症關聯的科學家，他曾經對著滿屋子的記者一語道破：「你們不喜歡老調重彈、報導大家都知道的事情，總想找些新鮮的。但很可惜，科學裡新的事物通常不對，真理需要透過時間慢慢建立。」

另一方面，懂得反求諸己的記者通常也不諱言表示媒體反映真相有很多侷限。《華盛頓郵報》資深記者大衛·布羅德（David Broder）一九七九年曾說：「我希望媒體能一再重複、直到大家明白——每天送到門口的報紙，只是記者對過去二十四小時內聽聞的某些事情做出片面、匆促、不完整的敘述，內容不可避免會有瑕疵與偏差。」難怪科學家對記者戒慎恐懼，而記者與科學家合作時也倍感挑戰。曾經有位報紙編輯對著一房間的皇家學會成員說：在他的編輯室內，「要迅速還是要正確」這問題只會有一個答案。那些科學家的惶恐表情我歷歷在目。

我進入媒體關係工作之前拿的是新聞學學位，至今仍記得一位前記者曾在講座中告訴大家：「車禍後無人傷亡」不能成為新聞，「車禍導致五名青少年死亡」才能引起大眾關注。研究媒體的學生辯論新聞價值觀已經辯了數十年，也有人大膽嘗試不同做法，比方說《龜媒體》（*Tortoise Media*）之類新興平臺就訴求「慢新聞」，旨在建立有別於速度至上的新模型，透過「慢速新聞學」理念以更長時間來更加深入地製作更大、更複雜的報導。但儘管媒體業界發生許多變化，傳統的新聞價值觀仍屹立不搖。

科學媒體中心所有工作都是為了支持科學報導的高標準，不過我們在二〇一一年列文森調查期間發現還有其他機會能夠撼動這些標準。該調查由布萊恩．列文森勳爵法官（Lord Justice Brian Leveson）主持，目的是在《世界新聞報》（*News International*）竊聽醜聞案後瞭解英國媒體業界有什麼慣例。我當時的同事海倫．賈米森（Helen Jamison）建議我們向調查庭提交證據，幾杯所謂的「女士汽油」[1]下肚後，她操著濃厚曼徹斯特口音說：「傷害公眾利益的不是竊聽名人電話——而是糟糕的科學報導。」隔天我們發郵件給幾位科學通訊人員，詢問他們關注什麼議題，一週後就提交多頁書面證據。

我告訴同事自己被傳喚去做口頭證詞時她們還覺得我在瞎掰。小組內部連續幾週密切關注各大媒體如何報導列文森調查案，包含麗貝卡・布魯克斯（Rebekah Brooks）、阿拉斯泰爾・坎貝爾、保羅・戴克瑞（Paul Dacre）和安迪・考森（Andy Coulson）在內很多媒體界大人物都有出庭，而今居然也有我一份，令人興奮又忐忑——被傳喚的人只有我代表科學界，一定要把握好機會。

但其實我沒進過法庭，緊張情緒一目瞭然。印象特別深的是御用大律師羅伯特・傑伊（Robert Jay）和列文森勳爵本人一再要我放慢語速。官方紀錄上，提醒我兩次還不見效，列文森這麼說：「不必因為半小時的限制就講很快，時間是可以延長的……而且我有點擔心，總覺得速記員頭上好像冒煙了。」

我的主要論點是媒體長期以來執著於同一套價值觀，在書面證詞中也有所描述：

1 譯註：通常指粉紅或桃紅葡萄酒。

追求引發恐慌的故事、誇大單一專家從小規模研究得出的結論、不願將令人擔憂的研究結果置於宏觀而令人安心的脈絡、為了平衡而捏造不存在的學界歧見、過分偏愛另類觀點等等。

當天《獨立報》恰好印證我的觀點，一篇跨兩頁的報導標題為：「眼盲者重見光明——患者因幹細胞『奇蹟』痊癒。」然而實際情況是患者並未痊癒，雖然回報視力小幅度改善（他們原本視力極差，已被登記為盲人），但這僅僅是一項安全性研究，而且只有兩名患者參與。當然，研究本身是值得報導的，在幹細胞研究剛起步、真人試驗剛開始的時期，這是個重要的進展。問題在於報導口吻暗示科學研究取得了巨大突破，可能給成千上萬黃斑部病變患者帶來不切實際的希望。

同一天稍晚我揪著心打電話給《獨立報》科學編輯史提夫．康諾，告知我將他的報導當作科學新聞不良案例交給列文森調查庭。他當然談不上高興，但至少沒發飆，所以我鬆了一口氣。原來前一天晚上他提交的原稿內容較精緻，但夜班編輯決定將報導放在頭版，所以文字編輯就對標題進行過加工。康諾將原稿發過來，我們倆就在辦公室玩起「找出不同點」的遊戲了。

離開法庭時，《太陽報》總編輯攔住我。我在證詞中批評他們前一週煽動恐慌，報導內容是居家用品內的化學物質，但標題卻叫做「商店貨架上滿滿的乳癌『風險』」。原本我以為對方要吵架，沒想到他說《太陽報》真心想改善科學報導品質，邀請我們為報社裡的一般新聞記者開一場科學報導培訓班。隨著列文森調查案持續推進，業界標準似乎終於迎來變革，而且這一次沒有落下科學新聞。

作證時我順便提出有必要為科學報導制訂新的指導方針，還誇下海口表示只需要幾小時就能與記者和科學家共同完成草擬。一週後，調查庭將人召集起來要我們開始，沒想到折騰了整整一天，而且過程中好幾次我都擔心無法達成共識。標題就是特別棘手的項目，記者和文字編輯很堅持標題只追求簡潔和引人注目，沒必要精準總結文章內容，但科學家聽了很火大，認為這是合理化不精準的敘述。我感覺自己成了全球和平談判的調解員，必須設法安撫所有人不拍桌走人並達成協議。所幸雙方都有成就這樁美事的意願，最終相互妥協：標題不應誤導讀者對文章內容的理解，且不應以引號包裝誇大的敘述。

總體來說，新指導方針鼓勵記者從協助大眾的角度切入，告訴閱聽人什麼證據是可靠的，又有什麼證據還在研究階段。例如其中有幾條的內容是：新聞故事應附上來源以便讀者查詢。應標明研究的規模、性質和侷限性。應指出研究處於何種階段，並從合理角度預估新療法或新技術能為民眾所用的時間點。

我們將指導方針寄給列文森勳爵，很高興他在最終版本的報告裡也建議採用。調查案結

[214]

束後成立了獨立報刊業標準組織（Independent Press Standards Organisation）在各大新聞編輯部推廣指導方針，由於制訂過程有編輯和記者的參與所以接受度很高，不至於引起反彈。

為科學家舉辦講座時，我會展示一些因為科學家參與而變得更客觀準確的新聞報導，其中個人特別喜歡的一篇出自二〇〇八年的《每日郵報》，內容提到一項小鼠研究發現常用的保濕霜與癌症有相關。記者費奧娜・麥克雷（Fiona MacRae）引用兩位不同專家的意見質疑這項研究與人類皮膚的相關性，並指出該研究需要能在人類身上複現才有意義。專家之一表示：因為這項研究就停止使用保濕霜太「瘋狂」，還補充說明：「小鼠皮膚癌研究其實不太能幫助我們瞭解人類的皮膚癌。」最精彩在於標題是「保濕霜與皮膚癌相關（僅限小鼠）」，而且括號內外用了同樣大小的字體。從這個案例來看，優秀的記者可以在講述有趣故事的同時確保讀者不會過早丟掉面霜。我還會在講座使用的幻燈片裡摻入一些小報的報導實例來挑戰學術界偏見，比方說《每日郵報》的社論或許爭議頗多，但他們的科學新聞通常品質並不差，不推廣特定立場的時候更是如此，有時甚至優於大報。我還會強調《每日郵報》在英國銷量排行第二，如果連線上版也算進去讀者數超越所有大報，因此務實一點說：如果科學家希望更有效地向大眾傳遞信息，完全沒有不與《每日郵報》合作的道理。

但每一篇詳盡報導的背後都有其他許多文章曲解了科學。這一點上，班・高達可（Ben Goldacre）醫師非常成功地引起大眾關注。二〇〇三年他在《衛報》全新科學副刊登場，最初撰寫「壞科學」（Bad Science）專欄，後來出版同名暢銷書，每個星期揭穿江湖郎中、含糊其辭的營養專家和小報一次次的「阿茲海默症最新解藥」，大家看得十分過癮。然而，以「壞科學」為題的每週專欄有個缺點就是太具針對性，只從片面角度切入會扭曲科學報導的整體形象。《獨立報》傑瑞米・勞倫斯（Jeremy Laurance）便提出科學記者因此深懷挫敗感，因此猛烈抨擊高達可對醫藥記者的批評太過頻繁：

> 《壞科學》暢銷作者、醫藥記者的剋星班・高達可是不是失控了？媒體在科學新聞出任何一點差錯就要被他口誅筆伐，我擔心哪天他壓抑不住會一口氣把醫藥記者統統給罵死。

多年下來，高達可對媒體新聞編輯室發揮了很大的正向意義。許多記者說過內部會提醒新編輯慎選報導，以免在週六《衛報》上被「高達可化」。《刺胳針》主編理查・霍頓（Richard Horton）博士曾追問高達可如何解決問題，他的回答是不要將科學當作新聞來報導，而是在證據充分可信時以長篇專題形式呈現科學進展。不只我略有同感，許多科學家也贊成這個觀點。太多日報的報導內容引用並不恰當，可能是過早發佈的前期與初步研究，或者是有待擴大規模的小型研究，再不然就是能觀察到關聯性卻無法證明因果關係的類型。它們的地位被抬得太高，卻很可能沒有後續。但是往好處想：科學終於與政治、教育和經濟並列成為核心新聞主題，這一點意義非凡。科學是如此重要，不應該被孤立於每日新聞外。科學媒體中心的做法是協助報導提升品質，但不侷限在長篇專題（雖然兩者兼備會更好）。

後來高達可從批評「壞科學」轉向批判「壞藥物」和倡導臨床研究透明化，英國媒體業總算可以鬆一口氣。他在最後一篇專欄文章中回顧改變主流媒體遭遇的諸多困難，並補充說：「一切都值得，原因很簡單——揭穿壞科學在我看來是最棒的教學工具，清楚解釋了好科學如何運作。」他的著作也將理念付諸實行，至今仍是「解釋」科學方法的最佳讀物之一。新冠疫情期間，他加入了OpenSAFELY的主要作者群，該平臺使用一般科醫師的病歷數據來識別最容易感染病毒的群體。高達可也多次參與科學媒體中心簡報會發表研究成果，看到他積極協助記者避開多年來自己抨擊的報導缺失真令人感動。

《地平新聞》（*Flat Earth News*）一書中，作者尼克・戴維斯（Nick Davies）指出「虛假、扭曲、宣傳」在媒體界日益增多並非記者本身的過錯，結構性因素才是真正癥結點。記者減少了，新聞卻二十四小時播報，需要填充的空白越來越多。戴維斯認為這導致「抄聞」（churnalism）現象，因為記者再怎麼優秀也沒時間查核事實或提出關鍵問題，只能拿到什麼寫什麼。科學新聞未能倖免於難：過去多數報刊和電臺每週只要有幾篇科學新聞就夠了，大部分被當成輕鬆趣聞、安排在晚間新聞收尾時「最後讓我們看看」的地方。如今則不同，從火星任務到氣候變化再到基因編輯，科學新聞越來越可能登上頭條新聞，與政治或經濟比肩而立。雖然值得慶祝，但媒體對科學新聞需索無度也造成新的挑戰。

《衛報》前科學編輯提姆．瑞佛每次聊起以前的科學記者生涯就會滔滔不絕。那時他在全國各地走訪實驗室、與傑出科學家會面、挖掘原創故事，因為那時候的記者時間還很充裕。現在每天得產出四到五篇或更多的報導，理所當然壓縮到事實查核、原創報導以及尋找第三方評論的時間，也對新聞品質造成影響——這種條件下很難一直以最嚴格的標準製作報導。

科學媒體中心很早就察覺到這種困境。如果我們不甘心只是唉聲嘆氣或坐著批評，就得找出方法協助記者在高壓環境下做好報導工作，因此提供可靠準確的資訊來源以及科學家的聯絡管道，方便時間緊迫的記者撰寫內容詳實的報導。這裡有一個關鍵：我們以新聞記者的需求為出發點，假如提供的訊息無法便利地置入報導內就會失去意義。

但這種做法也招致一些新聞學學者或科學作家的批評，他們多半不在全天候新聞圈內工作。一位頗具聲量的批評者是康妮．聖路易斯（Connie St Louis），她曾是科學記者，後來在倫敦大學城市學院教授科學新聞學。她很有心地整理了批評意見，主要論述有三點：首先，科學媒體中心的模式會強化尼克．戴維斯口中「抄聞」的負面循環。再者，科學媒體中心向記者提供專家評論（批評者常譏諷為「罐頭評論」），代表記者將審查科學意見的責任轉交給我們，可能因此減少原創性和批判性報導。最後，她認為科學媒體中心影響力過大，能夠篩選話題和露面的科學家，進而決定新聞呈現的內容。

我認為這些批評很有幫助。科學媒體中心與許多批評者有同樣的顧慮，擔心現代新聞記者面臨的壓力太大，而壓力會影響到新聞品質，尤其明白自己提供給媒體的服務實質上等於接受現狀而非試圖改變。但我們的使命是推動好的科學資訊進入媒體，而不是徹底改革新聞業界。新聞學者提倡的獨立批判性報導形式衰退了，科學媒體中心的出現或許是一個症候，但絕對不是問題根源。事實上，我們經常與記者密切合作進行獨家調查或提供線索，例如二〇二〇年一位頂尖科學家決定成為吹哨者揭露科學欺詐，我們相信《衛報》的伊恩．桑波能夠處理得宜，便將這件事情交到他的手中。

不過我真的很討厭「罐頭評論」這個詞。用貶損口吻來敘述我們工作的特定方面感覺是完全搞錯重點。記者忙起來一下子要交好幾千字，發現一條評論切合主題而且來源可靠的話當然會想引用，這有什麼不對？但「罐頭」兩個字暗示提早準備而且內容空洞，與事實相去甚遠。科學媒體中心針對每項新研究都請科學家閱讀完論文再發表意見，如果懷疑學者沒有細讀我們還會退稿，要求對方完整閱讀並提供更多細節，收到的評論往往會對高度技術性問題做出詳盡解釋。而且記者也不是機械式地複製貼上，影音媒體透過評論尋找可能的節目嘉賓，平面記者讀完之後則會打電話請科學家進一步說明。只要快速瀏覽評論就能掌握學界主流意見或歧見狀況，也可以評估新研究是否重要。已故的奈傑爾·霍克斯（Nigel Hawkes）曾在《泰晤士報》擔任醫藥與科技編輯，他曾經說科學媒體中心針對新研究的第三方評論非常可靠，所以他常常還沒閱讀期刊新聞稿和論文就先拿評論做參考來決定要不要報導。

針對我們的批評也帶來許多寶貴機會可以探討工作內容的成敗，例如《自然》為了慶祝科學媒體中心成立十週年為我做了一次個人專訪，記者尤恩·卡拉威（Ewen Callaway）花了幾週時間觀察我工作、採訪同事、與批評者交談，最後文章開頭是：「費歐娜·福克斯可能是在拯救科學新聞，也可能是在毀掉科學新聞，端看你問的是誰。」隨行攝影師表示以前沒有替《自然》拍攝過非科學家的人物照，或許這就是為什麼她會煞費苦心擺好一堆報紙要我穿著細高跟鞋踩上去擺拍。這主意不太妙，我馬上拒絕了——她顯然不太明白科學媒體中心存在的意義。

科學媒體中心有個口號是「科學家對媒體好，媒體就會對科學好」。但即使科學家與媒體走得很近，有時仍得承認兩邊專業差距很大。劍橋大學風險公共理解教授戴維·斯皮格霍爾特（David Spiegelhalter）爵士教授在科學與媒體領域中非常具有影響力，經常上電視和廣播為大眾解讀各式各樣的驚悚新聞，講過的話題從培根三明治到葡萄酒應有盡有。他時常在英國廣播公司第四臺《今日》節目露面，主持人賈斯汀·韋布（Justin Webb）形容：「觀眾很喜歡他，因為他講話不多不少非常實在。我們也喜歡他，因為他在節目溫暖大方，無論多

[220]

蠢的問題都會認真回應，加上人還很幽默。」科學媒體中心碰上包含大量統計學的新研究時斯皮格霍爾特教授常常幫忙做摘要，我們偶爾還請他幫一般新聞記者和文字編輯上一門「統計學導論」，相信記者能從他身上學到很多，而且過程充滿歡樂不會有被人說教的感覺。

斯皮格霍爾特教授很留意日常科學報導，某一天在推特上說《獨立報》一則關於飲酒與懷孕的文章標題不夠精準。《獨立報》醫藥編輯傑瑞米．勞倫斯立即透過電郵聯繫，表示願意修改標題並請他提供意見，還將我也加到群組內。隨後的對話雖然滑稽，但清楚展示出科學家與記者之間的差異。斯皮格霍爾特提出的標題非常精準但過於冗長拗口，而勞倫斯修改的版本則簡明有力卻無法滿足教授對複雜研究結果的準確度堅持。勞倫斯後來的總結一語中的：「戴維，由此可見為什麼我會是個糟糕的科學家，而你會是個糟糕的記者。」

科學家未必有時間與記者互動，但公關部門另當別論，大部分人應該會認為公關人員尊重記者是基本前提。但現實情況令我至今仍十分訝異：許多公關對記者的態度是懷疑，甚至敵視。二〇〇三年ＭＭＲ疫苗安全問題鬧得沸沸揚揚，英國廣播公司的帕拉卜．戈希說他有時覺得衛生部新聞辦公室似乎想要徹底迴避媒體。第二天，我會見一位在衛生部經歷過多次危機的新聞官員，他說內部團隊已經放棄在ＭＭＲ議題上爭取公平機會，甚至將英國廣播公司的採訪邀請丟進永遠不會打開的郵件夾內。我還遇到過一些極其鄙視記者的公關人員，他們認為我信任記者實在太過天真。一位隸屬於臂距機構的通訊主任曾經說「我的問題」就在於會信任記者。其實我當然知道與記者打交道就存在風險，但如果想將訊息傳遞得更廣更遠就必須認識記者、與記者密切合作，瞭解他們的需求並予以滿足。如果將接觸記者列在機構「風險清單」的首位又怎麼可能辦得到？

我正好對記者這個職業有好感和欽佩，所以當年才會違背父母期望，沒去里茲大學住漂亮宿舍攻讀政治，選擇搬到倫敦的小套房念新聞學。當時中倫敦理工學院（現為西敏大學）以在職記者授課聞名，我班上三分之二是高齡學生，其中幾位已經是記者。與優秀記者相處三年讓我得出結論：我不夠優秀，無法成為其中一員，但我希望將來職涯還有與記者合作的機會。過去三十年我始終對記者保持敬意，希望也有感染到同事。當然記者就像政治人物、科學家和公關一樣個個不同，有好、有壞，也有糟糕透頂的。但我常常向學者們說一句真心話：能進去全國性報刊當記者的人，腦袋一定非常靈活。

有時候即便公關人員想要與記者合作也會受到過度提防的機構文化所阻礙，看著出色的科學新聞公關被困在根本不想和媒體打交道的地方很令人傷心。之前除草劑成分嘉磷塞（glyphosate）曾經引發一波媒體風暴，當時我致電在歐洲食品安全局擔任公關主任的好友席拉・塔巴赫尼科夫（Shira Tabachnikoff），她其實和我一樣希望能說服內部採取更積極開放的媒體策略，但顯而易見高層只將媒體視作必須防堵的巨大威脅。歐洲食品安全局針對嘉磷塞進行過各種嚴格檢驗，旗下專家有能力反駁該物質高度致癌的誇大陳述，這些都是科學

[222] [223]

媒體中心與記者急需的資訊。我覺得對方態度太古板了，想要透過她去遊說高層，但她沮喪地解釋說已經盡了最大努力，內部就是不肯派任何人接受採訪。苦惱的我隨口問了句「歐洲食品安全局的人到底多想不開？」，一開始以為她被這句話氣哭了，後來發現她是笑到停不下來，好不容易冷靜以後才吐出一句：「費歐娜，我跟妳說，這裡真的就沒半個人的腦袋轉得過來呀！」

科學媒體中心與記者之間當然不可能都沒有衝突。有時我們很無奈，通常是因為內容荒唐、未經同儕審查，也沒有公開數據的研討會摘要被各大報聯合報導，儘管我們發送很多專家評論建議記者別報導也沒有用。還有的時候，我們用友善口吻請記者針對報導內容做一些小修正，結果對方反應彷彿我們是《幕後危機》（*The Thick of It*）裡面的馬爾科姆．圖克[2]一樣。

我們與媒體鬧最大的一次爭端發生在二〇〇九年三月，對象是《每日快報》。現在或許很難想像了，但那個時候針對省電燈泡有好幾種不實資訊在社會上流傳，聲稱會對人體健康造成危害，《每日郵報》和《每日快報》都積極反對民眾使用。我同事湯姆．謝爾登（Tom Sheldon）召集一組專家協助科學記者分辨事實與謠言，但第二天《每日快報》頭版卻拿簡

2　譯註：《幕後危機》是英國廣播公司政治諷刺劇，馬爾科姆．圖克是劇中性格惡劣又愛操縱媒體的角色。

報會做了一篇大報導，標題是「節能燈泡的危害」，內文提到：

節能燈泡的毒性在昨日引發關注……醫師表示數十人暴露於新型燈泡釋放的紫外線後出現皮膚症狀，而且燈泡內含有汞粉，破裂時處理起來非常危險。接觸高劑量的汞會引發瘙癢、灼燒感、皮膚發炎、腎臟問題及失眠。

同場簡報會其他記者都寫出了準確的報導，《每日鏡報》科學與環境編輯麥克・史溫還特地寫信，他說難以置信《每日快報》的報導出自同一場活動。儘管有那麼多好的報導，這次簡報會還是適得其反引發了原本想避免的社會恐慌，更糟的是我們還得向參與的專家解釋，畢竟事前明明說過能促成更理性的報導風格。後來幾天專家幫我們挑出文章中八個主要錯誤，我們將清單發給《每日快報》撰寫報導的記者和編輯群，其實那名記者剛從娛樂版調過來，很少接觸醫藥與科技新聞。

這件事情讓我們大為光火，也因此做出事後看來極其錯誤的決定：我們寫了一封信指責《每日快報》，還發送給記者名單上所有人，順便表示往後這類活動不開放非科學專業的記者參加。《衛報》媒體副刊和《新聞公報》（*Press Gazette*）馬上打電話過來詢問詳細狀況，而《衛報》也在當天稍晚就做出報導，標題是「科學家團體指責《每日快報》的燈泡報導

『內容不實』」，內文詳細說明了我們的立場及對方如何回應。《每日快報》編輯葛雷格・綏夫特（Greg Swift）堅稱報導對科學媒體中心簡報會做出「準確且符合事實」的敘述，反過來批評我們的控訴是「不準確的誹謗」，並指出「針對特定記者」是不公平的做法。

盛怒之下，我們自以為《每日快報》的科學記者也會對自家的不實報導感到失望，但結果他們選擇支持遭到公開羞辱的同事，於是宣佈不再參加科學媒體中心簡報會。幾週後又有一個科學機構聽說此事而退出我們一場活動。再過幾週，科學媒體中心董事會上我談到自己無意間將《每日快報》逼到牆角，當時在《地鐵報》擔任主編的肯尼・坎貝爾（Kenny Campbell）打斷：「不對，費歐娜，妳們是把自己逼到牆角。」這話非常中肯，科學媒體中心的運作離不開與記者合作。我們從這次事件深深記取教訓，也逐漸修復了與《每日快報》的關係。

有時候與記者關係緊繃是因為他們質疑科學媒體中心有偏見。二〇一三年，政府宣佈國民健保署的最新數據共享計畫 Care.Data，其中允許科學家取得匿名處理後的一般科醫生病歷記錄以進行醫學研究，但一開始輿論反應多為負面。二〇一四年初，為了在春季繼續推廣共享計畫預做準備，惠康基金會和醫學研究委員會委託科學媒體中心舉辦一次座談會解釋數據共享對醫學研究有何好處。我們邀請的四位講者分別是倫敦衛生與熱帶醫學學院廉姆・史密斯（Liam Smeeth）教授、英國心臟基金會醫學總監彼得・魏斯保（Peter Weissberg）教授、臨床實務研究數據鏈主任約翰・帕金森（John Parkinson）醫師，以及癌症患者理查・史蒂芬斯（Richard Stephens）。籌備期間出了大事：隱私權運動人士與一部分一般科醫師展開抗議，他們認為共享計畫沒有取得社會共識，而且資料可能被藥廠和保險公司用來牟利。座談會上，幾位講者陳述數據共享可能帶來的好處，理由非常具有說服力，然而記者卻認為專家人選偏袒特定立場，要求我們解釋為何沒囊括反對意見。一位《衛報》記者表示自己認識很多反對數據共享的科學家，願意提供名單，另一位《每日郵報》記者則認為座談會根本就是衛生部在幕後主導。

這次挫敗經驗讓我們內部進行了深刻檢討。科學媒體中心主要代表科學界主流意見、將共識傳達給記者，並不負責涵蓋議題的所有面向。若科學家彼此間觀點對立，我們會盡力反映在提供給媒體的資訊之中。然而以這個案例而言，與研究人員共享病歷資料的諸多好處在醫學研究界早有共識，但記者也有他們自己的考量。

類似情況也發生在二〇一四年七月斯他汀新聞發布會後。斯他汀是一類常用藥物，可以降低膽固醇並減少心臟病和中風風險。記者大衛・亞隆維奇（David Aaronovitch）口中的「斯他汀戰爭」在此時點燃狼煙，因為國家健康與照顧卓越研究院修改了服用斯他汀的建議門檻，從十年內心血管疾病風險百分之二十調低到百分之十。這代表一下子多了四百五十萬人符合服藥條件，一些高知名度的醫師對此表達不滿，認為又是一次過度醫療的範例，明明改變生活形態就能預防疾病卻選擇浪費醫藥資源。有關過度醫療的討論非常合理也非常重要，不過運動人士常常在藥物危害方面提供了誤導資訊。以此例而言，科學上有壓倒性的證據與共識支持妥善運用斯他汀，但反方卻基於未經證實的說法和一些小規模低品質研究大肆宣揚藥物風險，導致這種少數異議觀點在媒體上與大量可靠科學證據並列於報導之中。面對太多相互矛盾的聲音，資深如英國廣播公司醫藥記者弗格斯．沃爾什也坦言不知如何下手。與此同時，英國心臟基金會及其他醫學研究機構的專家憂心忡忡，深怕這場風波像之前MMR疫苗爭議一樣對公共健康造成巨大影響。

我們為記者會請到六位專家，有些自己做過藥物試驗、有些因工作所需密切關注斯他汀研究。其中一位喬治．戴維．史密斯（George Davey Smith）教授在一九九〇年代初對斯他汀類藥物持懷疑態度，主張應該在隨機對照試驗的結果出來之後才大規模用於病患。一九九四年起開始有了相關試驗，他也多次參與研究證據的審查，結論明確指向這類藥物的安全性與有效性。六位教授詳細介紹多項大型多中心隨機對照試驗，證明斯他汀類藥物既安全又有效。

活動結束時，《每日郵報》年輕聰穎的醫學記者班．斯賓塞（Ben Spencer）提出質疑，認為我召集的專家小組立場偏頗，聲稱他能夠找到六位大學教授提出相反論點。如果他做得到，那麼科學媒體中心確實存在偏見。但我知道他做不到。確實有不少一般科醫師認為斯他汀類藥物的開藥門檻過低，也確實有一兩位心臟病學家反對斯他汀類藥物，但要找到一整群教授都站在反方是不可能的事。後來斯賓塞撰寫的報導平衡而精準，第一句就指出專家共識為何：「六位大學教授駁斥斯他汀類藥物恐慌。」不過會場上的爭辯被其他記者看在眼中，當時為《英國醫學期刊》撰稿的奈傑爾．霍克斯就在文章中指出：

> 科學媒體中心記者會只邀請了支持斯他汀類藥物的專家，主任費歐娜．福克斯對此提出辯護。她表示「絕大多數」心臟病和斯他汀類藥物專家認為目前證據壓倒性偏向正方，並指出該中心職責不是為少數反對意見提供平臺，從而給人錯誤印象以為辯論雙方勢均力敵，實際上並非如此。

我能理解記者為何作此反應，大家都不希望自己是被科學機構叫過去幫忙宣傳官方說法，質疑並挑戰權威本來就是媒體自由的健康表現。政府部門和科學家立場一致時，記者理所當然會好奇是否有幕後協議存在。然而不代表記者每次都會猜中，而且科學媒體中心舉辦新聞發布會也不是以取悅記者為目的。其實我們很清楚每次活動都有可能挑起緊繃情緒，甚至惹惱部分與會者，但若涉及如斯他汀這種攸關人命的藥物是否危險，我們希望社會大眾理解主流科學證據究竟說了些什麼。

納入少數派或另類觀點的問題在於可能造成「虛假平衡」，即使事實上學界早就形成強烈共識，大眾還是可能受到誤導，以為主流科學由幾種勢均力敵的流派構成。這點不容易拿捏，我們也十分苦惱。二〇一二年，我們借科學博物館場地舉辦十週年慶，當時的ＩＴＶ科學編輯、後來進入科學媒體中心諮詢委員會的勞倫斯・麥金遜提出建言，希望我們避免壓制到真正言之有物的科學「異端」。他認為這樣做會有反效果，輕則錯失科學的重要進展，重則損害大眾對媒體與科學的信任。「行事必須謹慎，免得讓外界聯想到集權或獨裁的陰謀操作，」麥金遜還補充：「我認為解決方法就是偶爾也得將發聲機會讓給異端分子。」

麥金蒂這番話在現場記者裡引起共鳴，也成為之後酒會上的討論話題。他的顧慮當然沒錯，科學史上不乏質疑現狀、遭到排擠但最終被證明是正確的先驅者，不過這種情況還是相對罕見的。

在斯他汀或氣候變遷上很容易歸結出科學共識是什麼，換作其他議題就未必這麼簡單。比如大麻的相對危害、特定農藥與蜜蜂減少、癌症篩檢是否挽救性命，主流科學至今仍有分歧，科學媒體中心也會留意要在提供的訊息裡附上反方意見。此外，學界的強烈共識並不代表話題塵埃落定，科學家的天職就是推翻別人的理論，人類的集體知識也是藉此才能不斷累積。《自然》前主編菲利普・坎貝爾曾經在演講中提到：其實如果有最新研究能推翻我們對氣候變遷已知的一切，只要研究本身品質沒問題，像他們那樣的大期刊可謂求之不得。同樣道理，科學媒體中心也曾因為有人宣稱能證明基改食品確實有害而集體興奮，只不過這類研究既然提出了非凡的主張，也就必須提供非凡的證據，關鍵終究在於研究品質是否過得了關。換個角度來說，所謂的異端者若能透過高品質研究證明自己所言不虛，發表的當下他們就不再是異端了。

只不過每一個正確的異端者背後都有太多混淆視聽、誤導大眾、扭曲或忽視證據的不良示範，因此記者或外界質疑科學媒體中心立場不公時，為了安撫他們就將版面讓給牴觸主流的另類意見並非正確做法。對我而言這是兩害取其輕，寧可錯過難得一見理論正確的異端者，也不能讓科學媒體中心跟著在疫苗安全之類的重要醫藥主題上誤導社會。

話雖如此，科學媒體中心始終鼓勵科學家參與辯論，不會要求新聞機構阻止任何人發聲。二十一世紀初安德魯．韋克菲爾德（Andrew Wakefield）聲稱MMR疫苗會造成自閉症，多數疫苗專家花了很大功夫駁斥他的另類理論，但有趣的是同樣一群學者在二〇一九年春並不支持馬特．漢考克（Matt Hancock）[3]意圖立法要求社群媒體下架反疫苗訊息，甚至普遍反對公衛人員強制接種疫苗。我們認為這些科學家的顧慮很有道理：面對反科學論述應當採取公開辯論，眼不見為淨的做法不僅會助長陰謀論，還有將非主流觀點人士形塑為烈士

3　譯註：當時的衛生部長。

的風險。

此外，我認為由學界指定媒體將舞臺讓給特定人士並不妥當。有一回午宴上喝了點酒，我便向一位略有交情的記者提出建議，希望他們少引用某位經常弄錯資料的專家。結果對方回答：既然我要求少用，那麼他一定會反過來多訪問那位專家。當下很沮喪，但對我而言是個重要的教訓。

媒體對科學的報導方式顯然仍存在問題，不過空著半杯就是滿了半杯，我認為可以樂觀看待。英國媒體對科學新聞的需求很龐大，也願意持續在專業科學記者身上做投資。科技、醫藥、環境的專門記者在某些國家已瀕臨滅絕，相較之下科學報導在英國的發展依舊蓬勃。

由於科學媒體中心的角色，加上我對科學報導的某些面向提出過批評，很多人訝異我居然對英國科學新聞是如此正向的態度。然而每一則糟糕報導的背後都有好幾百則優秀報導，它們每天將重要且複雜的科學新知帶給廣大的閱聽人，從《今日》到《太陽報》都不例外。只懂得搖頭嘆息和批評記者的話就會錯失前進的機會，科學媒體中心收集許多案例能證明優秀科學家參與以後科學新聞已經有長足進步。儘管現況尚不完美、記者出錯的時候必須指正，但也別忘記為好的報導慶祝。就我所見，每一天都有很多值得慶祝。

10 瀕危生物？為科學公關人員辯護

我知道自己作為科學公關是有點缺陷的，畢竟背景只有公共關係，與科學沾不上邊。從業這麼久，有些科學論文我讀起來還是非常吃力。而且我從來沒有為研究撰寫過新聞稿，很欽佩能夠做到的人。但我仍舊認為自己現在是科學公關這個大家族的一員。進入科學媒體中心之前，我工作的領域習慣在媒體做效果。無論救援機構還是遊說團體，只要能順利募集資金或引發關注，稍微誇大沒有問題。

到了科學界情況有所不同。崇拜記者多年的我踏進新世界，在這裡科學家和科學公關視真相與準確為己任。我過去的工作中，稍微炒作就能登上夜間新聞的話會贏得掌聲，但這種做法在科學領域會讓人蹙眉。我喜歡這個新世界。遇到的大多數科學公關擅長科學而非公共關係，其中不少人在科學領域拿到學士甚至碩博士，只是覺得實驗室的板凳不適合自己坐。也有少部分人曾經待過實驗室，但渴望轉換職業跑道。對他們來說成為科學公關是個很棒的機會，不會與熱愛的科學漸行漸遠。這類人同質性很高，非常在意新聞報導以什麼方式呈現科學。不過我認為這個類型的科學公關瀕臨絕種，所以想發起保護運動。

要瞭解媒體的科學報導，首先必須理解科學公關在做些什麼，尤其某些統計數據裡公關人員的數量已經高達記者的六倍。有人將科學研究進入公領域的過程比喻為水管或輸送帶：一端是研究人員，他們可能為一項研究耗費多年，最終成果好不容易得到同儕評審期刊接受。下一站就是科學公關，背後是大學、研究機構、資助方或出版單位，負責將研究結果轉化為一份或多版本的新聞稿，便利更多受眾理解。最後才是記者，他們以新聞稿為寫作素材對科學進行報導，會加入自己的理解和詮釋。我不敢斷言各位每天閱讀的科學新聞有多少內容直接出自新聞稿，但我大膽猜測多數科技與醫藥報導受新聞公關影響很深。約翰・馮・拉多維茲（John von Radowitz）擔任英國新聞協會科學記者三十多年，他在退休感言表示自己與同事若沒有科學公關協助便無法完成工作。

我有一段時期密切關注探討新聞業界標準的列文森調查（見第九章）。當時外號「英國謠言大王」、被人又愛又恨的《每日郵報》主編保羅・戴克瑞也有出庭作證，即使批評者也承認他是才華橫溢的報人，深知「中產英國」讀者想要什麼。列文森法官審查到醫藥新聞，向他問起該報之前一篇標題為「夜間如廁增加癌症風險」的報導是否過度渲染新型癌症的風險。以為能夠看好戲的我很快就慚愧了，因為戴克瑞從檔案夾取出大學針對研究發佈的新聞稿唸出一部分內容：「夜間接觸到人工光線就會擾亂細胞分裂的生理節律……細胞生理節律紊亂是癌症主因。」尷尬！雖說大家都知道新聞媒體不必假他人之手，也會加油添醋誇大疾病風險或療法效用，但《每日郵報》編輯能夠將新聞聳動這種問題全推給公關稿也的確難堪，而且點出了科學與媒體的關係裡一個重要問題。

一部分科學公關對準確度的要求較低，背後理由各有不同。如果像我一樣並非科學界出身，就會習慣撰寫引人注目的新聞稿。對這個群體而言，刻意淡化筆調是違反直覺甚至怠忽職守的表現。也有人承受來自大學或機構的壓力，必須爭取曝光率以吸引學生和資金。有些時候，科學公關只是不願意對資深前輩的學術地位提出挑戰，又或者嘗試過後失敗了。無論原因為何，科學媒體中心在成立初期就做出決定：想要推廣更加準確與縝密的科學新聞，就必須在科學與媒體的關係之中推動同樣的價值觀。目標不僅僅是鼓勵科學家參與媒體工作，還得在幕後提供支持，以求提升科學報導的整體水準。

這個問題偶爾導致我與其他的科學公關發生衝突。我也去列文森調查庭提供證詞了，而且將有限時間全部用來陳述新聞業界的陋習，但過沒幾天我公開批評的卻是一篇特別誇張的新聞稿，內容聲稱新研究顯示銀的化合物對癌細胞具有毒性。記者質疑新聞稿內容時有所聞，這回《太陽報》一位科學記者特地尋求科學媒體中心協助，希望尋得專家評論來說服總編放棄這個報導。新聞稿標題為「擊敗癌症的銀子彈[1]？」第一句就寫著：「實驗室測試顯

1　譯註：歐洲民俗傳奇中，銀子彈是少數能殺害狼人、吸血鬼等怪物的武器。後來這個詞彙用來比喻複雜或長期問題的神奇解答。

示，銀的效果與主要化療藥物一樣好，副作用可能更少。」稿子裡不但沒有任何研究侷限的警示或提醒，反而還在電子郵件的附註強調銀能剋癌這個偏方透過研究得到證實。發稿時間特別晚，又要記者趕快刊登，以同儕審查刊物而言也是很不恰當的做法。我們勉強聯絡到德國科學家艾德札．恩斯特（Edzard Ernst）教授，他長期研究相關主題，多次以證據為本批判了所謂的「替代醫學」。取得評論以後我們立刻發給名單上所有記者，內容是：

> 這項有趣的試管實驗顯示各種形態的銀都能夠殺死癌細胞。雖然這是值得繼續深入的研究方向，但若要用於治療人類的癌症則言之過早。事實上很多化合物都有類似特性，但因為各種理由無法臨床運用。現階段聲稱能以某種形式或形態的銀來治癒癌症是完全不負責任的說法。

部分記者成功說服編輯撤掉報導，但其他媒體並未跟進。《每日鏡報》標題為「銀比化療更安全，效果一樣好」，《每日郵報》則是「對抗癌症的銀子彈：這種金屬能更有效殺死腫瘤，副作用更少」。

後來我沒有筆下留情，狠狠批評道：

針對不治之症，任何看似有望治療的消息都應當在我們心中敲響警鐘，處理起來需要格外審慎。非凡的主張需要非凡的證據，如果所有報紙和公關室都能遵守這個原則，劣質科學報導一夜之間就會減少許多。雖然對公關進行列文森等級的調查應該沒有必要，但既然要求報業潔身自愛、不再過分渲染小型臨時性研究，我想我們自己必須以身作則。

除了發佈新聞稿的公關室心生不滿，其他科學公關對此也有些能夠體諒的怨言，認為我們自恃清高卻沒能理解到自身處境多優渥。我們不像大學公關室受到很多內部壓力，不會遇上自大的學界前輩不准別人動他們的理論，也不會被企業內的行銷經理逼著提高曝光率。我們甚至根本沒在寫新聞稿。然而正因為我們不受體制壓迫，所以才最適合提出種種顧慮。事實上我常在其他機構的科學公關請託下提出意見，他們有話想說但又不方便說。

指出問題的人也不只有科學公關。我初次聽說克里斯・錢伯斯（Chris Chambers）博士和佩特羅克・桑納（Petroc Sumner）博士是在二〇一一那年夏天，英國媒體的焦點是暴動事件，報導內容大量引用這兩位卡地夫大學心理學家的研究，結果讓他們捲入了一場媒體風暴。兩人發現前額葉皮質的抑制性神經傳導物質GABA（γ-胺基丁酸）含量較低的人容易性格衝動，研究本身及大學新聞稿都沒有提過暴動這個字眼，但英國新聞協會卻以「缺乏大腦化學物質『引發暴動』」為標題加以報導。這篇文章被《每日郵報》引用，標題成了「暴動者大腦化學物質『過低』導致無法控制衝動行為」，《太陽報》也說「鼻腔噴霧劑可阻止酒醉和鬥毆」。誇大標題接二連三，過了不久研究更被全球新聞和部落格引用。錢伯斯和桑納十分詫異，決定向媒體發起挑戰。

兩人此舉得到一些科學家和部落客支持，但我則是保持觀望。錢伯斯和桑納並不具備新聞學背景或媒體關係經驗，卻得到平臺來論述如何因應品質不佳的科學報導。二〇一二年三月皇家研究院一場座談辯論中他們提出新方案，建議為每篇科學報導加上「認證標誌」以「幫助讀者分辨眼前是大家樂見的好新聞、抄聞還是科幻小說」。同年十月，他們又在《衛報》文章中呼籲記者要養成與科學家核對報導內容的習慣，然而這項建議違背新聞業認知的最佳實務做法，一般而言受訪者不應該事先查看甚至批准報導。儘管兩人主張科學不同於其他主題，也提出很有道理、很具說服力的理由，但仍能感覺到想法過分天真。那篇文章的結語是：「可想而知有些記者會反對我們的觀點，認為自己的專業領域受到侵犯。這是事實——我們想要干預。但我們也想請教反對者——你的主要動機是什麼？只是想寫出一篇有角度的故事，還是以精準易懂的文字傳遞科學知識？」我所認識的每位記者都會給出同樣答案——他們的主要動機、或者說他們的工作就是創作有角度的好報導。

儘管我對兩位科學家的方法有所保留，但我欽佩他們的抱負和投入，當然也認同他們的目標。（他們在派對上還特別有趣，這對科學媒體中心可是重要資產。）二〇一二年那場座談辯論我也有參加，自從認識兩人之後雙方合作逐漸深化，錢伯斯甚至曾經進入董事會一段時間，桑納也在多個研究專案中與我們密切合作。他們致力提升科學新聞品質的過程中開始將注意力從報導本身轉向前期溝通，與許多人一樣意識到某些報導品質不良的問題其實源自新聞稿，同時也在碰壁之後體認到新聞媒體不可能輕易被科學界撼動。錢伯斯說：「改變編輯室文化的機率是零（這是我越界以後學到的），但可以改變大學內部的情況，因為大學是由我們組成的。」

身為科學家，兩人決定設計研究來測試誇大不實如何在新聞稿中形成，試圖調查為何會有扭曲、誇張、篡改結論的現象，並進而影響到讀者照顧自身健康的行為模式。這是一項回顧性量化內容分析研究，會通過系統化編碼與識別主題或模式來尋找一致性。他們調查了二〇一一年英國二十所頂尖大學發佈的四百六十二篇生醫和健康相關新聞稿，連同相關的同儕審查研究論文與新聞報導。

我很榮幸能擔任這項研究的諮詢委員，不過並非科學傳播界的所有人都樂見其成。有些人對研究設計提出合理批評，這樣一個研究本來就有很多難處，兩位作者也對侷限性坦誠不諱。然而也有人認為這項研究不夠厚道，他們認為大學的科學公關本來就是在為難之中盡力而為。錢伯斯與桑納尋找願意參與研究的大學時，我受邀對羅素集團一群傳播主管介紹科學媒體中心的業務內容。那天我早到了，結果聽見有人聊到那項計畫，對方顯然不知道我有涉入。在場有人支持、有人反對，但最讓我失望的是有些人表態要阻止自己所屬的大學參與研究，甚至有一位主管以「侮辱」來形容。

我十分震驚。這是一群傳播專業人士，而且代表英國的頂尖研究型大學，結果他們反對自己的活動成為研究對象。這也是我首次接觸到現代大學聘請的標準公關主任，他們的首要任務是保護大學的品牌及聲譽。所幸還有一些科學公關挺身而出，錢伯斯和桑納也發揮了交際手腕，研究得到必要的支持之後順利進行。

兩人發現報導出現誇大時新聞稿通常有同樣問題，因此認為提高學術新聞稿準確性或許是關鍵，能夠有效減少誤導性的醫藥新聞。研究結果發表在《英國醫學期刊》，我也發動密集公關活動確保大學校長和資深學者接收到訊息並進行探討。我呼籲科學公關正視研究結果，並察覺自己在新研究如何報導以至於大眾理解研究內容的過程中，發揮了巨大的影響力。此時此刻不該分散注意力在自我辯護或互踢皮球上，從科學公關的角度該慶幸有這樣一篇高品質研究能幫助我們改善現況，然而一部分科學公關以為魚與熊掌能夠兼得，一方面對這項研究表現得特別敏感，另一方面又埋怨自己不受組織內部尊敬與重視，卻沒意識到明明有兩位科學家視他們為科學報導的重要環節，傾盡心力研究了科學公關的工作成果。

為了提高科學媒體關係的標準，我們於二〇一八年秋季推出新聞稿標籤系統。這個想法來自英國醫學科學院（Academy of Medical Sciences），他們在二〇一七年六月發表了十分重要、影響深遠的報告，名為《增進科學證據在判斷藥物潛在益處與風險中的應用》。英國醫學科學院由導師級人物海倫．穆恩（Helen Munn）博士領導多年，是我很讚賞的機構，而該報告則是應英格蘭首席醫療官員薩莉．戴維斯（Sally Davies）女爵士教授的要求撰寫。包括斯他汀、克流感或荷爾蒙補充療法在內，許多藥物在民間流傳的資訊相互矛盾，而這份報告的目標就是協助大眾判斷什麼證據最為可信。為了準備報告在媒體進行發佈，英國醫學科學院的公關團隊做了一次民意調查，結果顯示決定是否使用某種藥物時，醫學研究證據僅僅得到百分之三十七的公眾信任，百分之六十五的人更信任親朋好友的經驗。數據反映出的問題就是研究起因：我們傾國家之力投入數百萬英鎊、聘請研究人員悉心測試，然而社交平臺或親友意見卻輕而易舉得到同等甚至更高的地位。如何改善兩方比例的差距就是所謂的棘手問題（wicked problem），很好辨別但不好解決。英國醫學科學院令我欣賞的原因之一在於如何處理報告，她們不會虎頭蛇尾讓報告擱置架上無人聞問，通常花費約兩年時間仔細準備，而且會先取得醫藥研究界重要人物的支持，由他們帶頭支持報告內容提出的改進建議。

政府希望科學媒體中心與其他媒體機構採行報告提到的幾項建議，其中之一是為新聞稿設立紅綠燈系統，目標是一目瞭然可以知道研究結果還是處於早期階段因此尚不可靠，還是來自樣本數百人的大型臨床試驗所以更值得信任。這個系統是搬石頭砸自己腳的概念：要科學公關給自己的新聞稿貼上紅燈標誌暗示記者別碰？這談何容易。其實以前就有人提出類似做法，但從未推行成功。差別是英國醫學科學院的說服力很強，我們也認為這種系統有可能降低誇張言論。科學家、記者、公關或許受到很多因素引誘而想要嘩眾取寵，若有個訊號稍微「提醒」他們回歸正途不是壞事。

不過紅綠燈的設計很快出局。我們與科學家、公關、記者合作後設計三個標籤取而代之，可以安置在新醫學研究的新聞稿頂端。第一個標籤會顯示研究是否送交同儕審查並指出所處階段，第二個標籤顯示研究類型是系統性回顧、隨機對照試驗、觀察性研究、文獻回顧、個案研究還是評論意見，第三個標籤會強調研究在人類、動物、人類胚胎或者細胞中進行。

也有科學公關覺得無論新聞稿研究還是標籤系統都一樣，只是拐彎抹角批評他們做事不牢靠。其中一位同業特別喜歡提醒我們：科學媒體中心舉辦過的記者會上，也曾經有科學家誇大自己的發現。這是事實，但並不是不引入標籤系統的好理由。其實多數人歡迎這個改動，因為標籤並不用來判斷研究是「好」還是「壞」，而是幫助記者快速瞭解研究類型及所處階段。試行非常順利，十個公關室回報標籤易於使用，還能提醒他們檢查新聞稿裡是否涵蓋應有的資訊。隨後我們便向科技與醫藥記者介紹系統，多數記者的反應是他們本來就會在新聞稿確認相關訊息，但同意頂部標籤可能有助於快速評估報導價值。記者每天可能經手數百篇新聞稿，省時的功能多多益善。很多人還預期標籤有另外一個功能：如果編輯部過分積極想要報導記者認為沒價值的內容，直接指著標籤就能省去很多解釋了。

最後一步是拉攏資深科學家、校長及研究機構主管支持標籤系統。我想身處高位的他們沒辦法花太多時間在機構新聞稿品質，不過偶有幾次與科學背景的校長討論到這件事，他們表現出很大的興趣。但另一方面現在環境太過競爭，他們面臨多重壓力，對許多大學來說研究經費主要來自招生成績，因此優先吸引新生才是合理選擇。萊斯特大學保羅·博伊爾（Paul Boyle）教授曾在英國大學組織內領導研究誠信工作，他特別支持我們的計畫，在《泰晤士高等教育》（*Times Higher Education*）裡提到：

> 一天一杯酒，今天有益健康，明天卻又改了個說法——這是大家都很熟悉的現象，醫藥文獻特別明顯，例子不勝枚舉。有鑒於此，開發一個簡單系統幫助記者理解來到手邊的報導內容十分重要。

他強調自己不是針對從事科學傳播的人，而是單純回應長期以來的討論，提出處理研究和進行評估的合適做法。

目前大方使用標籤系統的大學、研究機構及報刊已經超過四十五所，《刺胳針》和《英國醫學期刊》都包括在內。有些國家對英國的做法很感興趣，美國最大的國際科學新聞稿機構優睿科（EurekAlert）也表示從中得到靈感，在網站上所有新聞稿實施了類似的「標籤」流程。

對新聞稿加標籤看似微不足道的改變，但從我的角度看見的是新聞公關的獨特之處。在新聞稿頂端加上標籤，主動提醒記者別將報導放在頭版？很難想像其他領域的公關人員會願意配合。然而科學公關就是這麼特殊的一個群體。

讓我舉一個實例來印證這個群體到底多特別。巴納比・史密斯（Barnaby Smith）博士在生態與水文中心負責媒體關係長達十三年，他們是世界級研究機構，專攻陸地與淡水生態系統及其與大氣的相互作用。史密斯一開始是中心工作的科學家，後來才轉向媒體傳播領域。二〇〇五年他第一次聯絡我，我當時有點擔心，因為科學家擔任公關未必適任。不過史密斯只用了幾週時間就讓我刮目相看。

他認識自己機構裡的所有科學家，能解釋各項研究的內容和意義。再來他非常主動。每當與他們研究相關的新聞登上頭條，史密斯就會發送一份科學家名單，列出能夠評論的專家和每個人的專業詳情，因此我和英國每個科學與環境記者都把他放進快速撥號捷徑裡。史密斯接聽電話的時候常常人都在實驗現場，因為他先一步去接洽媒體需要的專家了。由於他反應速度如此之快，該中心科學家許多年來都是電視新聞的常客。二〇一五至二〇一六年發生冬季水災，為此我籌備了一次緊急新聞簡報會，邀請到該中心四位專家參加。當時氣象局公關主任打電話過來發脾氣，想知道為什麼我們沒找他那邊的人。答案很簡單：聖誕假期期間，我們向所有與洪水相關的科學家和科學公關發送多封電子郵件，史密斯每次都回應。其中一封問到有沒有可能在聖誕節後第一天立刻舉辦緊急記者會，除了史密斯沒人出聲，只有他認為這很重要。幾天之後，我們透過他邀請到四位專家與十七位全國級媒體記者見面，成功辦好了活動。

巴納比．史密斯就是我擔心會逐漸凋零的新聞公關類型。他們熱愛科學和科學家，關心科學如何對公眾呈現，願意幫助記者釐清問題，相信專家應參與全國性討論、在危機時刻或科學受質疑時，要有最好的科學家為公眾所用。這種科學公關依舊存在，但不如以往那麼多，而且離職以後通常會被不同專長的人選取代，這點十分令人擔憂。過去十年中新聞與公關領域的職稱及工作敘述應該有了不小變化，我很想看看會不會有人進行分析。舊的科學公關離開以後，職位招聘的內容往往大幅倒向傳播相關的技能，卻很少提及要與新聞記者合作。有位科學公關銷聲匿跡一段時間，再聯絡時她說自己的頭銜更改為「高級傳播業務合夥人」，工作內容的重心也變成「變革管理」。

我想強調自己仍在努力理解觀察到的種種變化，背後因素通常複雜難解，而且與組織類型有很大的關係，比方說公關團隊在大學內部的遭遇會與研究單位、資助單位不同，其中值得探討之處很多。偶爾有些機構會宣佈新策略，明確提出公關團隊將基於什麼原因進行什麼調動，但更多情況是過去每天聯絡的公關人員忽然就消失，究竟發生什麼任憑我們猜想。科學公關事務繁忙且承受諸多壓力是毋庸置疑的，我聽說有人必須在學生自殺後支持哀慟的父母、腦膜炎爆發期間在宿舍一個一個房間遞傳單、去切爾西花卉展照顧基改示範花園等等，不像我們有餘裕聚焦在科學報導這件事情上。科學媒體中心二〇二二年的二十週年慶計畫邀請到資深科學傳播專家、我們的前組員海倫．詹米森（Helen Jamison）撰寫報告分析科學公關的角色轉變，希望中心內部與業界整體能夠更深入嚴謹地掌握到往後幾年科學公關的職場趨勢。

此處我想先以虛心惶恐的態度嘗試歸納出三個大方向。其中或許有我個人的誤解，但我認為務實分析趨勢演變有其必要，可以判斷英國研究界是否逐漸捨棄具有公眾價值的事物。就當作為這場討論拋磚引玉，接下來會提到三個要素，分別是媒體生態變遷、大學結構轉型、以及科學傳播專業化。

近年公關人員面對的最大轉變是媒體環境大幅開展，終於有可能完全繞過「傳統」媒體。網際網路出現之前，故事和關鍵訊息幾乎只能透過大眾媒體傳遞出去，但如今與目標受眾溝通的方式變得十分多元。此處重點是新興的媒體渠道常受到科學家和科學公關歡迎，主因在於可以掌控故事如何傳播，不必擔心記者過度簡化科學知識內容、堅持納入反方意見

「平衡」報導、或將主觀意見置入報導內。許多公關高層覺得「媒體優先」策略已經過時了可以棄之不用，更重要的是許多科學家享受內容主導權，不懷念研究內容遭到主流媒體「降智」的往日經驗。於是職位名稱從「新聞主任」擴大到「媒體經理」或「傳播經理」，相關人員現在除了和記者打交道，也在部落格、影片與自家網站的內容企畫上付出同等的心力。媒體經理需要一套全新技能，包括數位傳播、內容管理、社群媒體、內部通訊。我經常與科學媒體人員交流，他們表示工作比例確實變了，應對記者以及將科學故事推上媒體不再那麼吃重。二〇一九年，七個研究委員會合併為英國研究創新局（UK Research and Innovation），原本公關團隊合計約百人，最後卻僅有九人被分配至媒體關係。越來越多機構表現出的態度是不再將媒體關係視為未來傳播工作的主軸。

與媒體生態變化一起發生的則是英國大學劇烈轉型。前首相東尼．布萊爾設定百分之五十年輕人進入高等教育，這個目標在二〇一七年首次實現，然而大學從公共事業轉為企業化經營卻更早開始。學生數量與年度支出的大幅增加迫使大學採取企業化管理，現在內部常常將學生稱作客戶。經歷這些劇變，研究通訊通常淪為小團隊，隸屬於巨大的行銷或募款部門。羅桑斯提德研究所一位科學公關接下新工作要輔佐利物浦大學副校長的研究影響力工作，為此帶著全家人從赫特福德郡搬過去，然而上任沒多久她發現自己得面對大型團隊，內部還請她證明工作內容如何有益於行銷和招生。她和許多人一樣，投入這個行業的初心是科學傳播，無奈之下只好求去。站在大學的立場，有限資源根據需求分配是理所當然，而且要應對的受眾很多，包括學生、贊助人與政府。但對於大學公關團隊而言，既然社會大眾不是關鍵客群，傳遞科學家意見以符合公眾利益這件事情也就沒辦法成為優先項目。

前陣子我花了好幾月時間安排與一所頂尖研究型大學的新任公關主任做初次會晤。她的前任是過去典型的高層公關，心力放在社會融合或募款這一類與校譽有關的事務上。到了她這一任氣氛有些改變，非常支持研究傳播團隊，也與科學媒體中心維持良好關係。後來我們終於見到面，她態度非常友善，卻直言表示媒體工作的順位不在前面。她解釋說從她的角度來看，媒體工作通常會自己「水到渠成」，而且校方之所以從政府挖角也是看中她的變革管理能力。目前這支公關團隊最主要的任務是預測變化，以公關策略縮限負面影響。造訪另一所大學時，我發現研究傳播團隊從內部被瓦解了。原本的媒體主管頗受好評，有過記者資歷也樂於為大學發佈研究新聞，但一次外部審查認為他們過分專注於新聞，忽略了市場行銷與品牌管理。結果他被調職，旗下兩位公關跟著辭職。接任的新主管是商業背景，整場會議中一直埋怨學者很煩人。

正如我所有的觀察一樣，例外總是很多的。包括倫敦大學學院、愛丁堡大學、華威大學和雷丁大學在內，很多學校非常珍惜兼具科學與新聞兩種專業的公關人員。前些日子我到約克大學訪問，參觀了心理學、人工智慧等等五個系所。約克大學媒體關係副主任莎曼莎・馬丁（Samantha Martin）會趁著在大樓間移動的空檔介紹接下來要見到的學者，每位研究人員也都分享了過去與媒體合作或好或壞的經驗。他們積極與媒體，進而與公眾交流的熱情十分動人，而且與自己的公關人員相處融洽。那天結束時我很疲憊卻也很振奮，一方面是見到許多出色科學家、對未來舉辦活動有了不少靈感，另一方面則是見證了研究型大學的公關主任仍然能維持我初入行時的美好憧憬。我詢問為什麼約克大學能逆勢而行？馬丁認為要歸功於外部關係主任瓊安．康坎農（Joan Concannon），她始終將媒體視為工作中重要一環。我對她、以及像她一樣的人心懷感激，但同時也認為這問題太重要，只靠少數人來倡導推動並不足夠，也不能寄望於鐘擺效應，期待潮流隨時間逆轉。

雖然大學的媒體團隊改變很多，其他科學機構仍然將重點放在科學與媒體的結合。科學、醫學、工程與社科這四個國家學院都組織了強大的公關團隊，法蘭西斯．克里克研究所與癌症研究所等研究機構亦然。此外，或許因為患者研究慈善機構與大眾的關係特別密切，包括英國癌症研究會、英國心臟基金會與英國阿茲海默症研究會在內，也有陣容堅強的媒體團隊，再來《自然》、《科學》、《英國醫學期刊》、《刺胳針》大型期刊也一樣。

我將科學公關生態改變的第三個因素稱作科學傳播專業化或企業化。從很多層面分析，這其實源於本書所述的積極文化轉變。二十年前各機構可能只有一兩名前科學家偶爾協助媒體工作，現在卻組建了專業的傳播團隊，還期望他們以更巧妙、更有策略的方法扮演好角色。科學機構不再侷限於媒體導向、對事件做反應，而是自問究竟要傳遞何種訊息，目標對象是誰，目的為何？然後從這些答案來設定戰略目標與優先事項。劍橋大學研究通訊部主管克雷格．布里爾利（Craig Brierley）在科學公關傳播網（Stempra）一場會議上解釋過：他的團隊希望將有限資源集中於「改變遊戲規則的研究」，而非回應一次次零散的媒體諮詢。他舉的例子是瑪格達萊娜．澤尼克—格茨教授（Prof Magdalena Zernicka-Goetz），她對早期胚胎細胞進行的研究在科學界內引發一場全球性辯論，大家對國際公認的十四天胚胎研究限制是否應該修改踴躍提出意見。

某個植物研究所的公關人員提出自己的經驗：高層透過外部的策略審查得到結論，為了更有效提升機構在國際學界的聲望，如今她工作重心已經轉移到全球科學會議的管理上。惠康基金會最近也啟動一項新策略，將心理健康、傳染疾病和全球暖化視為優先項目，明確表示接下來的媒體關係與傳播活動會聚焦於這些領域。機構不只訂立目標，也考慮了實現目標的手段，這麼清晰的策略令人改觀。然而從更大的格局思考，這種策略化的傳播行為與優先順序就代表有所取捨，快速回應媒體的靈活性往往被犧牲，有突發科學新聞時沒辦法放下原本的工作。換言之，公關室失去了協助記者聯繫專家、得到答案的基本功能。

可能會有人覺得我和很多五十歲以上的人一樣，就只是無法接受「傳統媒體」正在消亡而已。這意見不無道理，我能夠理解，但科學媒體中心長期觀察並適應新聞界的變動，而且事實上媒體仍然是國民生活中很重要的一環，持續發揮設定議程、影響輿論的作用。平面報紙可能正在衰退，但數百萬人上網閱讀同樣的新聞，內容也常常成為社群媒體的話題。我兒子二十一歲，從未讀報，也很少看電視新聞，但從社群媒體接觸的資訊通常連接到主流可信的新聞渠道。此外有些數據指出大眾逐漸回歸可信賴的新聞來源，新冠疫情這種危機時期尤其明顯。《路透新聞研究所數位新聞報告》二〇二〇年與二〇二一年都記錄到傳統新聞媒體的使用比率在增加，英國廣播公司最顯著。

主流新聞媒體仍然能夠觸及並影響社會，反觀當前許多媒體公關的創作內容則只針對「對科學感興趣」的群體。如果關心大眾對疫苗、污染、氣候變遷之類問題的態度，至少要將一部分心力放在新聞上。

綜合而言，這三大變化指向一個關鍵問題：如果認同新聞媒體仍舊是觸及「廣大公眾」的重要途徑，記者針對科學提出問題的時候是否有公關人員能處理？新冠疫情大大凸顯了這個問題。疫情期間，記者與民眾比以往任何時候都更需要科學家的答案，但以前與我們、與科學記者合作處理危機的很多科學公關這回缺席了，因為他們將工作重點放在別的地方。整整兩年的疫情裡，有好幾所大學的媒體團隊我們一次都沒聯絡過。

二〇二一年四月，我受邀參加牛津新冠疫苗計畫的一週年特別紀念活動。當天講者除我之外還有參與疫苗開發的莎拉．吉爾伯特（Sarah Gilbert）教授、牛津疫苗小組負責人安德魯・波拉德（Andrew Pollard）教授，以及政府科學家派崔克・瓦倫斯（Patrick Vallance）爵士與克里斯・惠逖（Chris Whitty）教授，大家在現場向勞苦功高的科學家團隊致敬。我很讚揚牛津的媒體團隊，因為他們理解到支援科學家與記者交流並回答提問是一項很重要的任務。

牛津大學校長路易絲・理查森（Louise Richardson）教授為當天開場致辭，她表示新冠疫情向社會證明大學不僅能授課，也能研發救命的疫苗、為藥物進行測試，並補充說明如此高曝光率的科技成就能為大學吸引到最聰明的學生和最優秀的研究人員。

科學研究對所有人都有好處，即便好處有時候發生在看不見的地方。然而在現代社會，我們不能只是做好研究然後就擱置一旁，還需要以清楚且易觸及的方式解釋研究內容。良好[256]的科學傳播幫助大眾意識到科學工作為何重要，促進有意義的討論，加深對科學研究的理解支持，改善公衛水準，還能激勵新一代科學家。營運、聲譽、策略、行銷等種種訊息固然重[257]要，但我希望能說服英國的大學和研究機構保留一點空間，持續向媒體傳播科學，也有其必要。

11 以科學為本

在全球疫情中製作報導的挑戰

新冠肺炎在我職業生涯中開了首例，連續好幾個月媒體版面上就只有這麼一個話題。它佔據主流電視新聞所有版面，編輯室內所有可用的記者都投入報導。二十年來，科學媒體中心五位成員第一次同時投入同一個事件，二十四小時隨時待命。疫情對媒體和科學的合作而言是一次重大考驗，二〇二〇年初英國實行封城之際，科學傳播需要在政府宣導、科學研究以及準確審慎的報導之間取得微妙平衡，無論科學家、記者還是公關人員都生出「共患難」的意識，一同努力向民眾提供清晰且權威的資訊。然而，目標相同不代表方法也總是相同，我們終究得面對存在已久的兩難：究竟是要簡單明確的「訊息傳遞」，還是如實呈現科學的混亂、複雜、初步以及不確定性。

二〇二〇年一月初，科學媒體中心開始注意到國際新聞版面上寥寥幾篇報導，外國特派記者追蹤到一種神祕新病毒。當時毫無跡象顯示病毒會進入英國，但我們還是將這件事情放進每日媒體觀察的「注意名單」中。過了幾星期，人際傳播的跡象越來越明顯，媒體關注開始升溫。隨後來自中國武漢的一對母子在約克確診，醫藥與科技記者接手後將這個事件推到報紙前半的版面。

由於當時英國尚未有死亡報告，早期一些小報標題如「英國進入致命病毒警戒」對某些人而言又是媒體在炒作恐慌情緒。本來科學媒體中心應該要抵制，但我們很快察覺到這並非典型的嘩眾取寵。二月，我在部落格指出危言聳聽和真正的示警有所不同，並強調：「科學媒體中心與許多研究該病毒的頂尖科學家保持密切聯繫，包括病毒學家、流行病學家、免疫學家、公共衛生專家及全球的健康研究者。他們都感到擔憂。」

我感覺科學媒體中心過去所有的努力就彷彿為了此時此刻做彩排。傳染病專家數十年來一直警告疫情危機可能爆發，如今它真的來了，而我的團隊也已經做好充分準備，擁有包含三千名頂尖科學家的數據庫，其中許多人曾參與過我們對中東呼吸症候群、茲卡病毒和伊波拉病毒的報導，並且準備好隨時為飢渴的媒體提供資訊——名副其實的二十四小時全天候待命。科學媒體中心團隊上午十點和晚上十點同樣忙碌的日子持續了很久。

在工作層面上，新冠危機令人很訝異的一點是頂尖科學家願意積極參與媒體工作。我們曾處理過許多科學家避而遠之的話題，例如「氣候門」和查理・嘉德事件[1]，但新冠肺炎顯然不同。長達一年半期間，只要打開電視或收音機幾乎都會有科學家對疫情發表評論。而且

1 譯註：嬰兒重病時家屬與醫療團隊有歧見，見第七章。

不僅是受學者喜愛的英國廣播公司第四臺等「高檔」頻道，連《早安英國》（*Good Morning Britain*）、《傑里米・瓦因秀》（*The Jeremy Vine Show*）倫敦廣播公司的談話節目都經常邀請學者受訪。科學界似乎意識到建立公眾對病毒的理解以及對科學的信任是危機處理的關鍵一環。以前曾有人問我好的科學傳播應該是什麼樣貌，答案就在眼前。

科學媒體中心第一場記者會是二〇二〇年一月二十二日，邀請到本國的專家小組講解當時僅有的一點點資訊。現場人數眾多，《泰晤士報》的湯姆・惠普爾都被擠在窗臺去了。後續十八個月裡，我們為科技與醫藥記者舉辦超過兩百場簡報會，發布了一千五百多次綜合報導和快速回應，工作量是平時的三倍。

政府招募了許多最優秀的獨立科學家直接提供數據與分析，應對疫情的速度十分令人讚賞，毫無疑問挽回了很多人性命。由政府外的科學家收集資料對公眾信任有很大幫助，然而熟悉的矛盾又回來了：這些科學家再次受制於政府對傳播與傳訊設下的諸多限制。

在大學工作的科學家想發佈研究資料還需要首相辦公室特別顧問的批准，這種情節放在以前十分荒謬，但疫情期間他們常有不得不從的感受。科學家在媒體上表達歧見原本也很正常，但此時此刻政府認為不妥，這也形成另一種阻礙。提姆・考恩（Tim Cowen）是資深傳播專家，在疫情初期加入政府團隊，協調跨部會的科學傳播。我們每次會面時他都提到政府同僚挫敗感很重，因為科學家在媒體上給出的意見彼此扞格，像口罩與大規模試驗的有效性都沒有定論。我能理解他們的感受，並曾致信給科學家請大家注意自身言論對公眾行為的影響。但同時我告訴提姆：這種情況不可能、也不應該改變。政府的立場自然偏好明確且統一的訊息，但科學無法屈從，它就是混亂、複雜、初步且充滿矛盾，涉及完全未知、無人理解的病毒更是如此。當時的新冠肺炎不像氣候變遷或MMR疫苗已有足夠共識，畢竟數據不足就沒有人能得出肯定結論。

科學很少只有一個正確答案或觀點；它並非由一連串的事實和確定性組成，而是提出假設、設計實驗、進行測試之後才能理解世界。科學通過審視各種解釋、淘汰作廢的版本慢慢進步，最後或許能形成眾人接受的論述，譬如地球圍繞太陽運轉、基礎物理學顯示地球逐步變暖等等。但那時候新冠病毒仍處於快速變動期，短得誇張的時間裡噴發出大量新知識。即使疫情爆發已經十八個月，我們仍然不確定疫苗免疫力能持續多久，專家還在辯論人類是否得面對新的致命變種，又或者高危險病原體會慢慢演化為另一種普通感冒的冠狀病毒。發布簡單明確的訊息對政府或許很重要，但放在科學傳播則並非幸事。

在我看來，問題癥結不是專家公開討論複雜、矛盾、不完整的知識，而是政府的首長和傳播專家期待錯誤，希望科學家統一口徑為他們「傳達訊息」。我認為政壇應當正視這個問題，政府決策和政令宣導不應該與科學混為一談。政策要參考科學，但不能強迫科學成為附庸。官員聲稱「政府以科學為本」在從前是能夠安撫民眾的美好口號，現在卻帶有誤導性質。

有些「和平時期」沒人想知道的事情只有在危機時期才能浮出水面，例如科學方法的方方面面。科學媒體中心成立初期，常有資深科學家希望我能協助媒體深入理解科學的運作模式，但其實這很困難，因為普通情況下忙碌的新聞記者無法浪費時間做一篇科學方法「教學文」。所幸新冠疫情提供了這麼一個平臺，二〇二〇年五月中解除封城的決策引發爭議，皇家學會通訊主任比爾·哈聶特（Bill Hartnett）找科學媒體中心舉辦簡報會，主題是「以科學為本」究竟什麼意思。他主動提供了專家座談的人選，包括當時的學會主席也是諾貝爾獎得主文卡·拉馬克里希南（Venki Ramakrishnan）、常上電視的物理學家布萊恩·考克斯，還有學會副主席兼生物學主任琳達·帕特里奇（Linda Partridge）女爵士教授。

出乎意料這次線上活動多達三十三位記者參與，得到包括《每日郵報線上版》在內許多全國新聞媒體報導。《衛報》引述了拉馬克里希南的說法：「科學家也會弄錯，但科學的美妙在於我們會隨著證據修正認知。」三位學者以自己的方式闡述了同一件事，凸顯面對新冠時所謂的科學「正論」還不存在。活動進行到一半，一位英國廣播公司記者傳訊息給我：「感覺好像布萊恩·考克斯解釋科學方法的ＴＥＤ演講。」沒錯，確實如此，這次簡報會就好比科學運作的迷你講座，換作平日新聞記者根本不屑一顧，但翌日報紙深入探討了科學研究的本質，引用了例如考克斯的句子：「先擁抱懷疑，才能達到確定。」

話雖如此，國家面臨危難，政府需要科學意見作為決策的後盾，這就是緊急事件科學諮詢小組（以下簡稱緊急小組）的存在意義，其主席也會由政府的首席科學顧問來擔任。我們從過去的危機事件中注意到一個現象：科學家進入緊急小組以後多半就不太涉入媒體工作，有時是他們自己認為得在協助政府與告知大眾之間做出選擇，但另一方面則是政府要求他們不要接觸媒體，甚至根據《官方機密法令》簽下保密協議。以前我們就反對過這種做法（見第七章）。二〇二〇年二月，政府科學辦公室公務員發送郵件告知新冠疫情緊急小組的籌備狀況，我們在回應中表達了對政府慣例的顧慮，因為這時候社會大眾非常需要來自頂尖專家的意見。我寫了一封誠心的請願，希望緊急小組的科學家仍然能對媒體發言。政府回覆來得很快：

> 我向您保證，政府不會限制緊急小組的獨立科學家公開談論工作或對媒體提供專業意見。

我除了高興，也開始能看出首席科學顧問派崔克．瓦倫斯（Patrick Vallance）爵士非常重視開放性。後續發展沒有什麼變故，危機時期裡緊急小組成員一直與媒體互動，但會強調自己是以個人身分發言。緊急小組成員如此密集接觸媒體可說是史無前例，我認為值得慶祝。

不過其實緊急小組在一開始並沒有這麼開放，成員名單過了三個月才公開，會議紀錄還要再拖一個月。雖然小組提出了建議，但作為根據的論文卻遲遲不發表，記者也無法取得。緊急小組在疫情初期為何保持低透明度我始終不解。二〇二〇年三月二十四日，也就是全國封城正式實施的隔天，我寫信給政府傳播體系總負責人艾利克斯．艾肯（Alex Aiken）說明自己的擔憂。缺乏透明度會導致記者在報導中將政府做法描繪得過分神祕並引發很多問題，解密緊急小組討論內容才能幫助記者掌握實際情況，進而增加社會大眾對政府採用科學意見的信任度。

艾肯回覆表示惠逖和瓦倫斯都遭遇過人身威脅和網路暴力，所以保密是出於對小組成員的「關懷義務」。也不是第一次了，我認為這種論點站不住腳。當然沒有人希望科學家受到騷擾或攻擊，但我認識的所有緊急小組成員，包括政府的首席顧問團，都希望自己的名字能夠公之於眾。其中一些人，包括杰若米．法拉爵士（Jeremy Farrar）在內，都直接在媒體公開了身分。因此我向艾肯提出建議：避免科學家在報導中淪為神祕邪惡組織的形象同樣也是關懷義務的一環。

到了二〇二〇年五月初，《衛報》刊登一份外洩的名單，政府才終於願意公開緊急小組的成員名單。在全國性大報和多個機構的壓力之下才肯開誠布公讓政府丟了顏面，但也總算走回了正途，我認識的小組成員都很高興。不久之後，緊急小組開始發佈所有會議記錄、用於參考的數據及報告，也開始向科技和醫療記者定期舉行非公開簡報會，專家逐一解釋當天發布的文件並回答各種提問。可惜的是即便做到這個地步，仍有人批評緊急小組是個祕密組織。儘管緊急小組未臻完美，但相較於科學建議系統比英國更不透明的國家而言已經令很多科學家羨慕。二〇二〇年七月，我在《泰晤士報》的「雷霆」專欄（Thunderer）撰文，指出若與過去的緊急事件做比較，這次的緊急小組已經是最透明的了：

> 科學顧問參與媒體的程度前所未見……唐寧街每天都有記者會，會上通常能夠看到派崔克・瓦倫斯與克里斯・惠遜爵士的身影。若想瞭解更多，打開電視就能看見他們及其餘緊急小組成員接受各個政府委員會逼問。杰若米・法拉、蘇珊・米契（Susan Michie）、尼爾・弗格森（Neil Ferguson）、約翰・艾德蒙（John Edmunds）等人一直都有在媒體亮相。

可是對緊急小組的批評聲浪依舊不斷。其中一個問題在於：作為國家應對疫情的諮詢機構，緊急小組十分受到矚目，但無論社會大眾還是學術界都不真正理解他們扮演什麼角色。許多人將某些政策歸咎於小組導致成員十分沮喪，因為他們的職責僅僅是提供建議，最終決策還是掌控在政治人物的手中。從他們的角度來看，緊急小組和旗下各個分支都只負責回答政府提出的疑問，然而外界始終不明白這點。一個很常見的批評論點是緊急小組只對感染擴散造成公衛影響建立模型，卻從未考慮封城對社會與經濟的干擾多麼嚴重，但這就是因為政府根本沒有提出要求。

首相的首席特別顧問多米尼克・卡明斯參加會議的消息被披露了，外界對緊急小組如何運作缺乏理解的現象展現得更為明顯，許多人開始猜測他在其中扮演什麼角色。我詢問自己認識的小組成員，有些人根本沒察覺他在場，有的人則認為他在場有益無害，但大家最主要的反應是訝異——科學家統整意見，提供及時的建議給決策者，政府派人參加這樣一場會議很合理，為什麼有人會生氣？就像一名成員對我所言：「這不就是開會的意義嗎？」但經過這次爭議之後，我邀請瓦倫斯和其前任馬克・沃波特爵士一起召開記者會向科學記者講解緊急小組究竟怎麼做事。他們很快答應，兩天後四十五位記者就對小組工作歷程盡情發問。

儘管如此還是有些科學家感到不滿，認為緊急小組的運作過於神祕且受到政治干預，因此召集十二名科學家組成另一個獨立的緊急小組，主席由二〇〇〇年至二〇〇七年擔任政府首席科學顧問的戴維・金恩（David King）爵士教授主持。我一直很欽佩金爵士，因為他勇於抵抗政府特別顧問的壓力。成立不受政府限制的獨立科學家小組來參與全國性討論是個非常合理的想法，甚至也是科學媒體中心的理念所在，然而我覺得命名為「獨立緊急小組」不太妥當，彷彿暗諷官方的緊急小組只是政府傳聲筒。此外名字太相似也容易造成混淆，常有記者過來詢問緊急小組的聲明內容，兜了一圈才發現他們說的是「獨立緊急小組」。而且發展到後面，我認為獨立緊急小組一部分成員逾越了自身專業，在學界尚未得到確切答案的前提下就對政策表現強硬立場。獨立緊急小組的成員對公眾發言時享有完全的自由，但我個人並不覺得這份自由每次都得到善用。

官方緊急小組面對一個特殊的情境是存在時間特別長。二〇一〇年火山灰、二〇一八年諾維喬克毒氣醜聞等危機事件中，相關的緊急小組只運作幾星期到幾個月就好，會議次數也不多。疫情的緊急小組持續超過十八個月，舉行九十多次會議。一位心力交瘁的成員讀了一連串批評小組的文章後對我說：「我們怎麼就變成『官方政府顧問』組成的祕密陰謀團體呢。明明只是一群大學教授想幫政府少犯錯，那些官員開會的時候連Zoom[2]怎麼解除靜音都要找半天。」

二〇二〇年充滿了悲劇、混亂和未知，但我很榮幸能在這個階段為參與試驗和研究的科學家定期舉辦會議和簡報。他們幫助國家追蹤疫情蔓延狀況，深入瞭解病毒原理並找到最有效的治療方法。從牛津大學以RECOVERY試驗測試何種藥物降低死亡率，到帝國學院以

2　譯註：視訊會議軟體。

REACT研究定期提供感染人數數據，各種科學探索都意義重大，需要在媒體公佈發現，所幸過程也大都順利。當然還是會有些意外，例如二〇二〇年三月一次活動就非常令人尷尬，我特別請來瓦倫斯和惠提進行直播，但理所當然觀眾並不清楚我持續咳嗽是因為囊腫性纖維化，於是推特上許多人擔心我會將新冠肺炎傳染給英國最重要的兩位學者。這件事情居然還鬧上《每日娛樂》（*Entertainment Daily*）的頭條，兒子為此難得傳訊息過來說：媽，妳完蛋了！

偶爾碰上的另一種問題是官員想在政府記者會或接受媒體採訪時搶功。一個案例是名為PHOSP-Covid的新院內試驗，這個研究聚焦在新冠患者住院後的長期健康狀態，我們原本安排週一早晨向科學記者介紹，但衛生部長馬特．漢考克在前一天的《安德魯．馬爾秀》（*Andrew Marr Show*）上就直接宣佈了。週日輪值的一般記者當然不會錯過這條新聞，結果報導幾乎完全沒有醫學科學的專業內容。或許有人覺得這也無傷大雅，但問題出在科學資訊由政治人物而非科學家宣佈，這種情況下科學記者無法與科學家或臨床人員深入討論細節，也就沒有人能對大眾做出精準易懂的摘要。或許不是大災難，但還是令人很氣餒，畢竟這是充滿不確定性的時期，部長級人物這麼做卻完全沒考慮會對報導內容造成什麼影響。

而且科學家也會嘔氣，他們百忙中抽出時間準備簡報，目的是幫助科學記者充分瞭解最新發展。類似問題在疫情期間發生好幾次，但明明完全可以避免。我們以前為科學記者舉辦簡報會的時候也曾經要求限時禁發，希望大家配合部長宣佈的時機一起報導，如此一來既可以滿足政治方面的需求，也確保專業記者得到與專家對話的機會。

另一個問題也與官員有關，他們有時候公開重要的科學發現卻不提供相關資料。例如，二〇二〇年十二月中旬，馬特・漢考克宣佈發現一種命名為肯特變種的新病毒，據信傳染性更強且可能更致命。疫情不但不減緩反而要惡化當然引發高度關注，然而消息發佈後的數小時內記者一直查不到消息來源。我像往常寫信到公共衛生部、衛生暨社會關懷部以及緊急小組，一方面向所有熟人表達心裡的挫折，另一方面也強調重大宣佈應當儘可能附上科學脈絡和專家評論，畢竟社會大眾得到的資訊還參差不齊，一不小心就可能引發誤解甚至集體恐慌。通常寫這種信得不到回覆，但這次有位公共衛生部高層公關淡淡表示他們對新聞效果大致滿意，充分反映雙方的見解不同。同時間英國廣播公司一位記者也給我發了電子郵件說：「今天是疫情期間科學傳播最糟糕的時刻了！」

媒體關注導致某些科學領域受到前所未有的重視，其中自然包括免疫學和病毒學，然而讓大家又愛又恨的則是流行病學模型。學界有一句名言是：「所有模型都是錯的，但有些會有用。」面對全新未知的病毒，建立模型是不可或缺的環節，就像一位流行病學家對我說過：「不然怎麼辦，用猜的嗎？」有時候感覺隨便誰都可以批評建模專家，例如尼爾・弗格森就被冠上一個「封城教授」的罵名。模型基本上就是在沒有準確數據的前提下進行最佳估計，因此自然會提供一個較大的可能結果範圍，而科學家通常會強調其中的不確定性。問題是媒體標題往往聚焦在極端數字上，隨後又會有人以真實世界的數據指責模型誤差太嚴重。一部分人甚至炮轟科學家誇大病例數與死亡數是為了合理化封城政策。

這種攻擊一方面曲解了科學家的角色，他們的任務是盡己所能對現有證據做出解釋，另一方面也誤會了模型如何運作、如何用於制訂政策的過程。舉例而言，緊急小組的建模團隊名為SPI-M，第一次開會時間是二〇二〇年一月底，當時英國尚未出現確診案例，但政府已經要求這群科學家對疫情發展情況作出預測以供決策參考。二〇二〇年三月初，根據模型推演得到的共識是新冠肺炎會在英國大流行，除了大量病患住院還可能造成高達五十萬人死亡，若不採取嚴格的社交距離限制則醫療系統快速崩潰。雖然後續有新的研究與數據，這項共識並未遭到推翻。

科學媒體中心會舉辦活動介紹最新模型，多次邀請到倫敦衛生與熱帶醫學院的建模專家、SPI-M 聯席主席葛拉罕・梅德利（Graham Medley）教授對科學記者做簡報，解釋政府新宣佈的限制措施更動是透過何種模型做出關鍵決策。有時我們也試圖改善媒體對模型的報導方式，例如邀請帝國理工學院阿茲拉・加尼（Azra Ghani）教授和倫敦衛生與熱帶醫學院亞當・庫查斯基（Adam Kucharski）醫師出席活動，揭開流行病學內部運作的神祕面紗。SPI-M另一位聯席主席安吉拉・麥克林（Angela McLean）女爵士教授也大力協助，提供一份檢查表格給記者參考，重點包括：不要只報導能看到的最大數字、向建模專家詢問「對哪些部分最沒有把握？」、別叫科學家只給出數據點——估計的時候一定有個範圍。

總而言之，要記住模型只是預測，很少能達到百分之百準確度，因此使用與分析都要小心謹慎。正如梅德利教授所言：「模型只是工具，再好的螺絲起子也不適合當成榔頭用，不過必要時可以用來撬開油漆罐。」

各種模型提供的數據只是冰山一角，全球科學界努力研究病毒及症狀的方方面面，新數據湧現速度極其驚人，這種現象被戲稱為「資訊疫情」（infodemic）。一些估計顯示疫情最初的十個月內新冠論文數量就在十二萬五千篇左右。一位科學家指出過去從提交到發表需要一百天的研究現在僅需六天就過關。訊息量太過龐大，需要不斷進行篩選。

對科學媒體中心而言最棘手的問題或許是學界大量使用「預印本」，也就是作者將早期科學發現發表在開放伺服器上，記者也能夠隨時查閱。預印本是尚未成熟的科學論文，沒有通過同儕審查，無法確定內容是否紮實到足以登上期刊。這個做法在物理學領域行之有年，但醫學和臨床研究領域則在疫情前才剛剛開始。二〇一九年六月，科學媒體中心在某些圈子搞壞了名聲，因為我們提出的指導方針建議科學家與科學公關不要針對預印本發佈新聞稿。預印本對研究有好處，但某些科學家太一頭熱，沒考慮過大眾會接收到怎樣的科學訊息。我們尤其擔心牽涉到公眾健康的早期研究若被媒體大肆報導，事後卻又證實內容有誤的話很難收場。預印本的優點在於學界內部可以盡早開始探究彼此有何發現，可是研究結果還是「準備好」了再透過新聞媒體觸及社會大眾比較保險。

但結果指導方針發出去沒多久我們自己就破例了，因為有關新冠肺炎的論文預印本實在多過頭，完全沒辦法等到這些研究正式發佈才去舉辦簡報會並收集第三方評論以供即時發布。有幾次情況特別荒謬：我們在預印本上傳伺服器之前就為其舉辦簡報會，幾乎可以稱之為「預預印本」了。

許多預印本品質並不差，資料可供科學家更快取得進展，也協助政府決策人員、健保署和社會大眾第一時間瞭解病毒特性。可惜並非所有預印本的品質都很優秀，一部分內容偏差的預印本登上全球新聞頭條還透過社群平臺傳播給數百萬人，也有幾乎不具病毒學專業知識的科學家「投身」新領域發佈預印本結果遭到專家狠批。一項加拿大研究聲稱施打新冠疫苗後心肌炎發生率極高，雖然後來發現數學上有嚴重錯誤所以撤回，但卻已經在反疫苗網站和社群媒體上廣為流傳。

話雖如此，全球數百萬人因疫情死亡，病毒傳播方式、免疫持續時間、高風險族群辨識都是關鍵問題，迅速將研究結果公之於眾至關重要。全球衛生領導者很久以前就提出呼籲：疫情爆發時，若有研究證據能夠幫助科學家更有效控制疾病傳染，因為發表時程而遭到耽擱在道德上無法接受。許多規則被新冠疫情打破了，但這是正確的做法。我認為在非常時期調整指導方針有其必要——但並不代表回歸「和平時期」以後應該繼續下去。假如危機沒有大到需要分秒必爭，就沒必要承擔讓大眾接收到不準確資訊的風險。預印本直接在媒體發表是疫情時的特例而非常態。

由於種種原因，新冠肺炎成為我生涯中最特別的「科學故事」。其中最大原因自然是疫情影響到生活各個層面，於是媒體如何報導和呈現也成為有趣的課題。英國廣播公司科學記者帕拉卜・戈希在二〇二〇年九月一場辯論中表示疫情作為報導可謂「包羅萬象」，需要從科學、教育到交通、政治的各種記者一起參與。所言甚是，可是我仍然認為報導的版面分配有時不大正確。就許多層面來看，英國脫歐也堪稱是「包羅萬象」，儘管重心在政治，但影響遍及社會每個領域，連科學也不例外，不過想必沒有人期待科學記者能主導脫歐的報導。同理，在我看來所有新冠疫情的報導最終都指向科學，然而科技醫藥的內容卻常屈居於政治分析之後，令人十分氣餒。

疫情早期階段，從二〇二〇年一月至三月，報導比重還算正常。《獨立報》醫藥編輯肖恩・林特（Shaun Lintern）對《新聞公報》說自己非常難得居然成為編輯室裡最重要的角色。可是到了三月中旬，唐寧街開始每天舉辦電視直播記者會，科學記者的主導地位似乎就下降了。若是按照慣例，出席唐寧街活動的都是政治記者，但面對史無前例的全球疫情似乎沒什麼慣例可言。政府每次記者會也邀請資深科學家參與，因此在我看來，主導這次新聞的應該是科學記者而非政治記者。

部分科學記者確實擠進了出席名單，而且人數隨著疫情進展逐漸增加，不過其中好幾位都說自己跟主編抗爭才爭取到名額。一位記者將報社比喻為足球隊：「政治編輯就像C羅，十二碼點球都會交給他。而我呢，偶爾能踢角球就不錯了。」

內閣記者會發佈的政令通常是當日重大新聞，但由政治記者主導會出現一個問題，就是新聞內容往往帶有更多政治色彩，科學內容退居次位。許多提問似乎只是為了逼政客出糗，政策更動的時候尤其明顯，記者就想試試看官員在髮夾彎上會不會跌一跤。

那種時候我常對著電視大喊：「說不定科學證據變了呀！」疫情瞬息萬變，社會迫切需要政治領袖隨時依據新的科學數據改變立場。可是政治記者不習慣這種模式，尤其脫歐議題的三年時間裡政治對立和兩極化極其嚴重，他們也更傾向揭露政治人物搖擺反覆的行徑。然而科學發展與政治投機並不相同，我想醫藥與科技記者還是更適合的人選，他們之中許多人已經耕耘這個領域很多年，例如第四頻道維多利亞．麥克唐納（Victoria Macdonald）對過去的傳染病如豬流感和SARS都有深入瞭解，知道適合的科學家有誰、哪些研究機構專門研究冠狀病毒、什麼數據品質良好又具重要性。具有這種專業背景才能提供內容充實且正確的報導內容，幫助社會大眾掌握最新情況，不至於對政策充滿困惑和質疑。

二〇二〇年四月，政府每天開記者會宣佈新冠篩檢次數的儀式行為就是經典又荒謬的例子。衛生部長馬特・漢考克像是上臺變魔術般報告的數字越來越高，而觀眾看完戲以後先是一陣讚嘆接著努力挑漏洞。同時科學家則一直向科學記者解釋檢測背後的複雜因素，包括不同類型檢驗的變異性、假陽性和假陰性、敏感性和特異性等等。新冠篩檢並非一場簡單的數字遊戲。

其實新冠疫情之前就有許多記者開始反省：政治記者偏好的「抓辮子」式報導或許逐步侵蝕了我們的國家論述。這種風格不但未能促進更誠實、更負責的執政風格，反而鼓勵各方政治領袖大量僱用所謂的特殊顧問，為的是迴避問題以免惹禍上身。即使政治訪談界的重量級人物約翰・亨弗瑞（John Humphrys）和傑瑞米・帕克斯曼（Jeremy Paxman）也都在回憶錄中表示有這方面的困惑。比較深思熟慮的主編在疫情期間開始提出質疑。我在二〇二〇年五月撰文探討新冠疫情下是否需要新的報導模式，英國廣播公司新聞部門負責人弗蘭・安斯沃思將那篇文章發給旗下資深編輯，表示內容觸及她思索了很久的問題，第四頻道新聞特約編輯多蘿西・本恩（Dorothy Byrne）也在牛津大學向路透新聞研究所發表主題演講「疫情期間記者能從錯誤中學到什麼」。

我反感某些政治報導還有一個原因在於部分科學家為此不願參與媒體工作了。例如一位科學家給我的郵件很令人感慨：「說實在話，我受夠媒體了。一直追著我們說要採訪，等我真的答應以後無論說什麼都會被拿去當作政治攻擊的工具。」

疫情期間也有令我印象深刻的報導，我有時將其稱之為「解釋性」科學新聞。這些報導達到我所見過的最高標準，而且每天都有。根據編輯的說法，解釋R值、最新建模和變種病毒株的科學文章吸引了數十萬點閱量。媒體專家也發現閱聽人大量回流到可靠的新聞來源，一位《泰晤士報》編輯說數據顯示讀者想要認真、深入的專家報導與分析，這種內容值得信賴而且無法從其他來源取得。或者套句他說的話：「大家就想看湯姆．惠普爾[3]詳細解釋病毒到底對身體做了什麼。」

大眾偏好這種類型的新聞，科學家與媒體互動時也該作為參考。學科界線在很多人心目中不那麼重要，以為科學家研究了新冠的一個層面就能回答絕大多數的問題，然而我不同意這種看法。媒體之所以需要各種不同的聲音是期待發言者都具備深厚的專業知識，我們在郵件中也建議科學家「避免跨界」。面對沒有人完全理解的新病毒，大眾最不需要的就是科學家基於一般知識發表評論。部分科學家似乎過於享受鎂光燈關注，甚至積極擁護特定政策如戴口罩、全民普篩或兒童疫苗接種，然而相關證據大多利弊參半、不夠肯定。二〇二〇年夏季一次新冠與媒體專題討論裡，有人問我希望科學家謹記在心的建議是什麼，我的答案是：「全民都是流行病學家的時期裡，做好自己的研究最重要。然後閱讀別人的報告、評估新發

3　譯註：《泰晤士報》科學新聞編輯。

現的品質以後解釋給大家聽。」

危機期間，有些時刻不得不面對一個複雜問題：什麼樣的新聞算是科學新聞？首相鮑里斯．強森感染入院算不算？多米尼克．卡明斯違反封城規定又算不算？這些問題不好回答，但如果科學記者進行報導又要求我們提供資料，科學媒體中心通常就會收集評論。一個例子是二〇二〇年五月五日《每日電訊報》披露緊急小組及建模小組的關鍵成員尼爾．弗格森違反封城令與情人會面的消息，教授他立即道歉並辭去職務。我能理解民眾的怨懟和批評，但我不樂見公開羞辱，這次事件讓人覺得很不舒服。我也擔心正值疫情關鍵時刻，若因為這種事情而失去國內頂尖的建模專家實在得不償失。

當這則新聞在當晚傳出時，中心內部討論了是否需要徵求科學家回應。這種情況下，我們多半會自問：「科學需要對此發表看法嗎？」我們認為可能有需要，但也意識到這是個人私生活新聞。我希望他的辭職和道歉能讓事情在二十四小時內收尾，所以決定等到次日的報紙再行處理。

隔天早上六點有人推了我們一把。英國廣播公司《今日》節目湯姆．菲爾登打電話來，要求一位科學家回應弗格森的行為是否會損害他的研究可信度，於是我們不得不立即行動，向疫情科學家名單發送了電子郵件。儘管早得離譜，幾分鐘內就有多位志願者回覆。首先出場的是當時擔任醫學科學院主席的羅伯特．萊克勒（Robert Lechler）爵士教授，他看見前一天有人主張弗格森辭職代表封城政策的模型不可靠以後直斥其非，藉此機會提醒數百萬聽眾：弗格森只是帝國理工大學大型團隊中的一員，而且緊急小組會從好幾個研究小組取得建議模型。被問及弗格森的行為時，萊克勒則表示迅速引咎辭職是正確做法。

另一位遭到媒體圍攻好幾週的人是凱特．賓韓（Kate Bingham），她原本從事生物科技方面的創投工作，經首相任命後成為疫苗任務小組負責人。媒體從一開始就強調她與鮑里斯．強森是老朋友又與保守黨財政部部結婚，所以是靠「裙帶關係」才拿到這個位置。但科學媒體中心開始為她舉辦簡報會以後有所改觀，她確實很擅長解釋疫苗採購和運送的各個複雜層面。

然而二〇二〇年十一月她就捲進一樁醜聞。《星期日泰晤士報》的報導暗指任命程序違反規定，並指控她在私人投資者會議上洩露疫苗機密信息。她和BEIS全盤否認，表示報導內容不準確又不負責任。各種指控從未證實，但其餘媒體仍不改嗜血本性連續追打好幾週。

我和不少記者都特別注意到其中一項指控：明明有政府通訊部門可以利用，賓韓卻為疫苗任務小組聘請「高級」公關公司，據稱花費超過六十萬英鎊。聽起來確實像醜聞，工黨領袖施凱爾（Keir Starmer）就表示「這種開銷無法自圓其說」，媒體紛紛要求官員解釋這筆支出的合理性。但我聽到以後的第一個反應截然不同，認為聘用獨立公關人員進一步證明了賓韓考慮周到又具有獨立精神。然而事實證明兩種觀點都不正確，我們太急於下結論，忘記要先查核事實。後來我才得知這家外部機構大部分工作是幫國內各個疫苗試驗招募志願者，因為BEIS的公關團隊既沒有相關技能也沒有人力處理這些工作。

獲得聘用的公關團隊是司令聯合公司（Admiral Associates），他們既有科學傳播經驗又不隸屬政府，策略是推動賓韓和疫苗任務小組成員多接觸媒體和大眾。我覺得非常奇怪，很多記者過去批評政府公關，等人家用了獨立公關卻又一樣大表不滿，而疫苗明明是這麼重要的一件事。正如我當時為《公關週刊》（*PR Week*）撰文所說：我多年來一直主張科學傳播應該由科學家、科學公關、科學記者主導，而且幾乎所有人都認同疫苗成功是脫離反覆封城這種惡夢的關鍵，所以將傳播工作徹底做好的理由已經十足充分了。

賓韓於二〇二〇年十二月卸任，她堅稱聘約只有六個月，很期待回到原本的日常工作，但後來接受採訪時表示團隊承擔了重責大任，卻受到媒體風波很嚴重的干擾。等任務小組採購的疫苗送達、英國的接種率領先全球，媒體又推翻了她的反派形象，重新塑造為國民英雄，報紙上美言不斷，編輯競相要求獨家採訪。外部公關公司隨著賓韓卸任退出舞台，疫苗任務小組的媒體關係回歸政府公關，隨後兩任負責人克萊夫．迪克斯（Clive Dix）醫師和理查德．塞克斯（Richard Sykes）爵士幾乎不進行媒體工作，我們也再未舉辦過疫苗任務小組的相關活動。

科學媒體中心在疫情期間最積極的工作項目就是舉辦簡報會，但也不是每一場都風平浪靜。二〇二〇年十一月，我們為牛津—阿斯特捷利康冠狀病毒病疫苗（即ＡＺ疫苗）開發者莎拉．吉爾伯特（Sarah Gilbert）教授的研究團隊舉行會議，她們宣佈第三階段試驗結果時引發不小的騷動。輝瑞與莫德納疫苗都只提供單一效力數字，但ＡＺ卻給出了三個：整體而言疫苗效力為七成，先接種半劑再接種一劑則能提到九成，然而完整接種兩劑反而會降低到六成二。由於全球媒體都在關注，藥廠阿斯特捷利康牽涉其中也造成市場敏感，所以科學家得等到發表前一天才能看見統計結果。雖然他們盡可能向記者解釋看來有些雜亂的數據，但事實上自己也不懂為什麼低劑量反而更有效，只能反覆提醒記者正式論文過幾週就會出爐。

《泰晤士報》湯姆．惠普爾後來撰文陳述意見，標題是「牛津的壞公關糟蹋了好疫苗」。儘管標題如此，內容大體上還是對疫苗讚譽有加，但我打電話給惠普爾表達了不同意見。他認為疫情期間陳述清楚最重要，而我則主張誠實面對科學發現的複雜和不確定，科學家沒辦法像變魔術一樣變出所有的答案。比較不同疫苗的媒體形象也沒有意義，很可能流於形式而忽略實質，讓高明的話術取代了科學理論。尤其ＡＺ團隊對媒體極度開放，有任何新發展新數據都會立刻舉辦記者會，相較之下其他疫苗的公關就顯得限制重重。如果任何人、尤其科學記者從ＡＺ經驗學到的教訓是科學家要舌燦蓮花，那似乎本末倒置了。

ＡＺ疫苗面臨的挑戰當然不止於此。越來越多現實數據顯示該疫苗能夠有效預防重症或住院，但血液學家留意到少數接種者體內出現類型罕見的血栓。由於案例稀少，而且未接種疫苗的患者也會發生同樣現象，查明真相並非易事。二〇二一年復活節時，英國藥監局證實正在調查血栓是否與AZ疫苗有關。

所有藥物都有副作用，將新疫苗注射給數百萬人時自然有可能出現一些嚴重的不良反應。疫苗首次到貨時，科學媒體中心與其他許多科學機構受BEIS邀請參加視訊會議，政府想瞭解大家能以什麼方式傳達支持疫苗的正面訊息。我隨即詢問政府打算如何因應媒體對副作用的關注，並提議針對不良反應為社會大眾做好心理準備。接下來場面好比英國廣播公司的偽紀錄片《W1A》[4]——視訊會議主持人回答完「對，沒錯，說得很好」然後立刻就轉移了話題。對方似乎沒有掌握到問題癥結：倘若一有副作用的風聲傳出來政府就退縮，那麼再多的「正面宣傳」也無濟於事，大眾還是不會信任疫苗。儘管不良反應的比例仍低，數字只會慢慢上升，媒體也會密切追蹤。所幸與我對話過的科學記者都表示很明白自己的社會責任，不會忽視公眾知的權利而刻意淡化疫苗風險，也不會危言聳聽導致大家對疫苗避之唯恐不及，所以他們在報導中屢屢強調感染新冠肺炎本身就有血栓和中風的風險，而且還比接種疫苗高出許多。

4　譯註：假借紀錄片形式諷刺英國廣播公司管理階層的喜劇。

然而同樣的困境還是發生了：最瞭解疫情發展也最能掌握相關數據的獨立科學家被政府指示不要接觸媒體。疫情來到復活節前幾天，我們聯絡到幾位頂尖血液學專家，他們不但實際診療病患，也對英國藥監局等機構提供建議。可是一個接一個，他們紛紛表示在不同政府部門以及健保局信託單位授意之下，不再向媒體發言。我們從官方只能取得一份罐頭聲明稿。

星期六復活節清晨七點鐘，我又寫了一封信給政府通訊團隊，提醒他們只靠聲明並不能阻止媒體做出報導，記者會從其他途徑取得更多評論。我理解政府不希望在掌握更多資訊之前讓科學家與媒體接觸，但阻止獨立科學家發聲還是太令人無奈。我特別指出這種限制會惹惱科技與醫藥記者，然後之後幾天新聞內容是否客觀完整就操在對方手中。但結果我還是沒收到任何回覆。

幸好在復活節週末，媒體做出了負責任的報導，藥監局和衛生及社會關懷部留下的資訊空白得到填補。記者迫不得已找上並非新冠專家的學者提供意見，這些科學家通常也只能針對利弊的比例發表一般性觀點。政府擔心大眾害怕疫苗而不願接種是合理顧慮，然而要求血液學家不對媒體解釋或許矯枉過正，畢竟他們最了解副作用而且在醫院病房親自照顧過病患。於是媒體還是大篇幅報導了疫苗可能造成可怕的副作用，但明確指出病例數據顯示出現罕見血栓的機率約為二十五萬分之一，因此死亡的機率為百萬分之一。記者清楚解釋科學原理，極力證明接種疫苗的好處遠超過風險，對老年族群尤其如此。就連常常被學界排斥的小報《太陽報》都以「AZ疫苗致命血栓的機率有多低？百分之零點零零零九五」當作頭版頭條。

到了二〇二一年夏季，另一則疫苗新聞眼看即將在媒體引起軒然大波。政府針對是否為十二至十五歲兒童接種疫苗與科學顧問立場相左。以色列和美國等國家早就開始兒童接種工作，英國政府顯然也認為這個做法能在冬季到來前減少傳播、避免再度封城、並確保學童在秋季學期能正常進入校園。負責向政府提供疫苗戰略建議的是疫苗接種與免疫聯合委員會（以下簡稱疫苗免疫委員會），成員態度非常謹慎。出於兒童罹患新冠通常不會出現嚴重症狀，而且無症狀感染的比例非常高，因此兒童接種疫苗的正當性與成人相比不夠明確。話雖如此，兒童感染仍可能擴大疾病傳播，所以許多公衛專家依舊支持兒童接種，目的是同時減少成人和兒童的感染人數。然而新證據出現了，輝瑞疫苗似乎也與導致心律異常的心肌炎有關。根據美國的報告，心臟病專家留意到年輕人接種疫苗後檢測到心肌炎的比例正在上升，疫苗免疫委員會自然得納入考量。這種不良反應非常罕見，而且感染新冠導致心肌炎的人數遠高於接種疫苗後的病例，但無論如何所謂的風險收益比一定會受到影響，評估這點正是疫苗免疫委員會職責所在。

二〇二一年九月初，我得知疫苗免疫委員會投票結果是暫不建議為所有兒童接種疫苗。

他們認為從現有證據來看收益太小。大家對這個結論會有自己的立場，我們接觸的許多科學家也並不贊同，不過畢竟這是完全獨立的科學顧問委員會按照正當方式運作，審慎評估證據、達成共識、而且抗拒了外部壓力。只是從我的角度，當下擔心的是如何向媒體和公眾傳達這個意見——尤其如果政府不採納建議的話又會如何。

那天晚上我就這麼問了一位科學記者。如果疫苗免疫委員會反對為兒童接種疫苗，但政府卻決定繼續推動政策，會出現什麼後果？他給了我最不想聽的答案：這種情況勢必引發軒然大波，因為政府聲稱疫情期間遵循科學做事，卻又在如此敏感的兒童疫苗問題上背道而馳。我則認為獨立小組得出的結論與政府不同其實沒什麼好意外，疫苗免疫委員會有特定的職務內容，主要是審視疫苗對個體的利弊得失，然而政策面上還有其他因素需要考慮，包括傳播率、對兒童教育的影響等等，因此政府做出不同決策完全合理。可惜媒體不會考慮這麼多，只會盡量渲染雙方立場的矛盾，十分令人憂心。

於是九月三日我就建議疫苗免疫委員會儘快舉行記者會先行解釋，重點放在決策如何形成，同時要強調政府很有可能得出不同結論。我也特別提醒：要是真的在媒體引發爭議，對委員會、政府、最重要的是對兒童疫苗接種，都會造成長遠影響。

疫苗免疫委員會主席林偉紳（音譯）（Wei Shen Lim）教授立即回覆了。除了感謝我的支持，也表示已經開始準備簡報內容。記者會幾小時後就舉行，我鬆了一口氣。林教授解釋了委員會不建議接種的依據，並建議政府徵求首席醫療官員將更多方面的公衛因素納入決策過程。幾天內，官員提出的報告是支持兒童接種，政府也宣佈此項措施將在幾天內展開。

當然還是有些記者將焦點放在雙方立場的矛盾，早期社論也抨擊「訊息錯亂」的現象，但大多數記者能夠接受不同的專家就有不同的切入點，報導內容既周全又平衡。疫苗免疫委員會與政府的說法不一致，家長和孩子面對疫苗接種自然也就更猶豫。可是面對意見分歧時，還有更好的選擇嗎？難道要政府向委員會施壓，或阻止委員會對媒體做報告？這些做法對公眾信任的傷害更嚴重。現在民眾理解到問題背後的考量很複雜，但重點是其中沒有任何醜聞。有些街頭採訪的片段令人驚喜，家長和兒童清楚理解新聞裡不同意見的背後以什麼科學解釋為依據。對我來說，重點是這個大家守住了原則：獨立科學家表達決策理由，政府解釋為何沒有採納，隨著時間繼續浮現的新證據能幫我們做出更進一步的判斷，但最關鍵的是歧見能夠得到公開討論。

媒體針對新冠肺炎的表現有好有壞，隨著疫情高峰結束，也該是時候進行反思了。我期待政府進行一次獨立調查，徹底檢視哪些系統運作良好、哪些系統已經失靈。調查內容要有建設性，指出如何將疫情經驗應用於未來的危機。如果能確立政府與科學通訊互不干涉的新規則是最好的結果。媒體敘事也該有所改變，後見之明和抓戰犯都很沒有意義。

無論政壇還是媒體圈，很少人能本著良心說自己預先對疫情提出警示。不少評論家說換作自己主導的話會更早進行封城，但事實上二〇二〇年一月、二月他們根本沒提過新冠肺炎。疫情開始的頭幾個月，我寄給同事與親友的郵件都在結尾加上#HumilityNeeded（虛心以對）。並不是我個人在這個特質上多出色，只是覺得大家都需要冷靜，否則太多人有莫名的自信，自以為能夠比緊急小組或政府官員做得更妥善。

當然意思並不是英國的應對措施完美無瑕。政府確實犯了許多錯誤。新冠病毒消息剛出來的時候，倫敦衛生與熱帶醫學院馬丁・希伯德（Martin Hibberd）教授人正好在新加坡與當地公衛專家合作，為大規模流行病預做準備。他對英國政府的作為感到困惑，因為明明早就制訂過大規模社區篩檢、接觸者追蹤等等預防措施，但卻未從疫情爆發之初就加以實行。新加坡有十分類似的計畫，「不同之處在於人家認真執行了。」希伯德感慨地說。

＊

二〇〇〇年九月，經濟與社會研究理事會發佈一份報告名為《誰在誤解誰？》。研究為期長達一年，團隊領導人是當時卡地夫大學新聞研究中心主任伊恩・哈格里夫斯（Ian Hargreaves）教授，主題是科學與媒體關係。報告之中章節標題包括「衝突路線」和「誤解地圖」，並得出以下結論：

關於「誰在誤解誰？」這一問題，我們發現這個特定舞台上所有的角色彼此誤會的歷史已經太過漫長。若不盡力改善現況，我們將無法對科學做出睿智判斷，進而損害科學及社會進步的能力，可謂後果堪憂。

二十年前科學媒體中心剛成立，我對成功願景有一個清晰的想法，希望促成文化變革、推動資深科學家將媒體工作視為職務不可或缺的一環，而新聞編輯也會更仰賴科技、醫藥與環境記者的專業。疫情雖然可怕，但回顧過程中科學家與媒體的互動，上述兩項變革可說已經實現了。雖然還有許多挑戰需要克服，但今天在科學與媒體的關係中，我看到了值得慶祝與期待的理由。

致謝

首先我必須向過去和現在的同事致以最深的謝意。書中幾乎沒有提及，但他們一路陪伴我走到今天。當初的面試小組明白錄用只有生物學普通程度證書的人有點冒險，於是格林菲爾德女爵士立刻將最新的門徒交給我——Becky Morelle是超級聰明的理科畢業生（現在已經去英國廣播公司新聞部擔任科學主編）。我從那天開始招募類似的人才，他們在面試中從未提起公關、「訊息傳達」或聲譽管理之類的概念，而是對科學過程表達堅定信念，希望透過自己的職涯來確保新聞能夠準確客觀地傳達科學內容。因為有他們，科學媒體中心才能成為一個備受信賴與尊敬的科學新聞辦公室。

Becky的同事和繼任者包括（順序不分先後）：Tom Sheldon、Fiona Lethbridge、Helen Jamison、Ed Sykes、Claire Bithell、Alice Kay、Selina Kermode、Freya Robb、Hannah Taylor Lewis、Andy Hawkes、Ellie Friend、Nancy Mendoza、Natasha Neill、Robin Bisson、Michael Walsh、Simon Levey、Sophia McCully、Becky Purvis、Lyndal Byford、Tony Lomax、Heather Morris、Mark Peplow、Will Greenacre、Jonathan Webb、Joseph Milton、Lara Muth以及

Adrian van Schalkwyk。尤其感謝Tom、Fiona和Freya，他們在不同階段閱讀了整本書稿，並提供了幫助、建議、支持以及寶貴意見，讓我知道自己走在正確的道路上！

其中有位理科畢業生一定要特別提出來表揚。二〇一九年七月，Alex Durk來參加面試，應徵的職位是為新聞團隊和首席執行官提供支援，但最後一刻職位描述上新增一條：協助首席執行官寫書。當時Alex還不知道這項工作會佔多大的比重，可是對一個年近六十、常記不起別人名字、不會處理追蹤修訂、以為「雲（端）」都在天上的女性來說，寫書真的是個艱巨挑戰。我做不到的Alex全包辦了，他為這本書付出的努力大到離譜，通常處理最棘手的部分。如果少了他，別說這本書會比現在遜色，能不能出版都還是個問題。

接著要感謝在書中各方面幫助過我的人，包括核對部分事實、理性分析我的判斷，或者幫我回憶起十年或二十年前一些模糊的事情。我試著記錄每一位繁忙中仍善意回應的人，但若還有遺漏請容我藉此機會致歉。如果本書有錯，那是我的失誤，但若內容大致反映了事實並準確描述科學，那完全要歸功於大家，我對他們充滿感激。致謝對象包括：在基因改造食品方面的Professor Chris Pollock、Professor Giles Oldroyd、Professor Joe Perry、Dr Jonathan Jones、Professor Mark Tester、Professor Maurice Moloney以及Roger Highfield；在動物研究方面的Ather Mirza、Professor Max Headley、Dr Paul Brooker、Val Summers以及Wendy Jarrett；在慢性疲勞症候群方面的Professor Carmine Pariante、Carol Rubra、Ed Sykes以及

Sarah Boseley；在人類與動物混合研究方面的Professor Robin Lovell-Badge；在納特事件和政府科學家方面的Professor David Nutt以及Justin Everard；在氣候門和突發新聞方面的Sir Philip Campbell以及Simon Dunford；在福島事件和突發新聞方面的Adrian Bull以及Dr Barnaby Smith；在記者一章中的Clive Cookson、Jeremy Laurance、Justin Webb、Roger Highfield、Tom Feilden以及Tom Whipple；在科學公關一章中的Professor Chris Chambers、Professor Louise Richardson、Mark Sudbury、Professor Petroc Sumner以及Professor Rasmus Nielsen；以及在新冠疫情方面的Professor Adam Finn、Professor Calum Semple、Professor Graham Medley、Jeremy Laurance、John Davidson、Professor John Edmunds、Dame Kate Bingham、Professor Sir Peter Horby以及Professor Steven Riley。

我還想感謝數百位書中沒提到名字的科學家，他們在科學媒體中心前二十年歷史中扮演了重要角色。我在前幾版草稿裡反覆表達謝意，後來被出版社說服了才刪掉，但希望他們依舊能夠感受到。科學媒體中心的成功離不開願意合作、將時間和專業提供給媒體的科學家。傑出科學家更積極與媒體互動，媒體的科學內容也就會更好，肯在這方面付出心力的科學家我都很敬重。無論他們的名字有沒有出現，這本書寫的是他們，也獻給他們。

我要感謝Elliott & Thompson出版社的Olivia Bays。她花了大量心血改造本書，目標受眾從我身邊的科學圈擴大到一般讀者，如果非科學領域的人購買且喜歡本書那都要歸功於她。我給她添了很多麻煩，但她是對的。

特別感謝科學媒體中心董事會主席Jonathan Baker。初次見面時他負責英國廣播公司新聞學學院，致力於保持最高新聞標準。他和我一樣，相信客觀性儘管受到撼動，卻是新聞最核心的價值。三年前他評估過後鼓勵我做而言不如起而行，既然想寫書就要真的動筆。本書付印前科學媒體中心裡只有他讀過內容，要是出了問題我就得找他算帳了。也要感謝科學媒體中心至今的歷任董事會成員。其他機構許多首席執行官都說他們跟董事會相處並不融洽，但科學媒體中心的董事會成員都是厲害人物，平常忙著營運自己所屬的機構，不干涉日常運作而是以巧妙的方式點醒我們，很多有關未來方向和方法的決策都源於他們的洞察和睿智。

最後同樣要感謝的是家人和朋友。「女孩們」——Eileen、Janet、Jenny、Siobhan和Pauline，一群有勇氣、有主見也有信念的女性，過去三十多年裡一直陪伴著我，是我生活中的樂趣泉源。無論科學還是其他話題，她們總會逼我為自己的立場說出個道理才會放我一馬。我丈夫Kevin是凱爾特足球隊的狂熱球迷也是一位優秀的教師，時刻提醒我虛心但也鼓勵我寫下這本書。他推崇真正的啟蒙價值觀，我們也因為對科學探索的熱愛而心意相通。兒子Declan的人生旅程才剛剛開始，無論將來如何，我最大的願望是他能和我一樣幸運，尋找到自己的成就感和人生目的。還有我親愛的姐妹Claire和Gemma，她們為我的成就充滿驕傲和喜悅。我們有時會思考自己的生命經歷：成長在北威爾斯一個不起眼的地方，是愛爾蘭移民家庭的孩子，但個個充滿自信，也在投入的領域成為領袖人物。Maura和John Fox知道我出書了一定很高興，還會辦個派對大肆慶祝——這也是我家族女孩們代代相傳的特質。

索引

24/7 news cycle 11, 171, 175, 218

A

'A battle too far?' blog (F. Fox) 132
Aaronovitch, David 228
Academy of Medical Sciences (AMS) 106, 244–5
activists/campaigners 4, 8, 69–71, 77–8, 79–81, 87–8, 91, 92–3
see also animal rights activists
Acton, Professor Edward 157
Adam, Dr David 165
adaptive pacing therapy (APT) 76
Admiral Associates 281, 282
Advisory Committee on Releases to the Environment (2004) 17
Advisory Council on the Misuse of Drugs (ACMD), UK government 118–19, 121
Aiken, Alex 265, 266
Alder Hey Children's Hospital 185
Alzheimer's disease 129
Alzheimer's Research Trust
(Alzheimer's Research UK) 106, 253
Amos, Jonathan 167
Anderson, Professor Richard 98
The Andrew Marr Show 270
Animal and Plant Health Agency (APHA) 133, 145
animal research 3, 8, 31–4, 37–8
acne treatment and depression link 47–8
Bateson Report 38–9
Declaration and Concordat on Openness (2012) 65
Herceptin development 40
human recipients of developed procedures 54
media access to facilities 55, 57–60
media access to facilities 55, 57–9
public opinion polls 64
publication of Home Office statistics 49–50, 66
supporting bodies 42, 52–3
transparency vs. policy of secrecy 39, 40–7, 52, 56–7, 60, 61, 65–6
transportation of test animals 61–3
university research facilities 40, 42, 44, 45–6, 51–3, 56–7, 59–60, 65
XMRV trials 72, 84
animal rights activists 37–8, 40, 41–2, 42–3, 49, 51, 52, 55, 58, 62, 64, 79–80
arm's-length bodies (ALBs), UK

government 133, 142, 146
Armstrong, Dr Lyle 108
Association of Medical Research Charities (AMRC) 54, 106, 109
autism 1, 232
Aziz, Professor Tipu 42, 52, 54, 55

B

Bailey, Dr Sarah 47–8
Baker, Jonathan 205
Bank of England 58
Bateson, Professor Sir Patrick 38
BBC (British Broadcasting Corporation) 51, 210, 228, 255
animal research 39, 55, 59, 60, 62–3, 127
climate change 152, 162, 168
GM foods 17–20, 35
human–animal hybrid research 103, 104, 105, 108
ME/CFS 80, 85
Pallab Ghosh 138–9, 140, 222, 275
Radio 4, 12, 59, 61, 62–3, 80, 105, 108, 168, 190, 191, 202, 221, 280
BBC Breakfast 48
Beament, Emily 157
Beddington, Professor John 121, 125
Beesley, Max 19
Bennett, Ronan 17, 21
Beral, Professor Dame Valerie 198
Bingham, Kate 280–2
Blair, Tony 16, 53, 96, 137, 251
Blakemore, Professor Colin 41–2, 60, 61, 87, 109, 124
Blundell, Professor Sir Tom 131
Bodmer Report (Royal Society) 3
'Bonfire of the Quangos' 131
Boseley, Sarah 73
Boyle, Professor Paul 246
breaking news, SMC and confronting public opinion 185–6
controlling scaremongering 174, 178
flooding of the Somerset Levels 183
Fukushima Daiichi incident 177–82, 186, 187
government approach/involvement 174–6, 182–4
national security issues 187
poisoning of Alexander Litvinenko 175, 186
potential for misinterpretation 171–2
role of independent opinion 180–1
SMC 'rapid reactions' 172–87
timing and campaign PR issues 186–7
Brexit 275, 276
Brierley, Craig 254
British Ecology Society 140
British Heart Foundation 228, 253
British Medical Journal (BMJ) 229, 243, 247, 253
British Science Association 199
British Toxicology Society (BTS) 134
British Union for the Abolition of

Vivisection (BUAV) 45, 50
Broder, David 211
Brooks, Rebekah 212
Brown, Gordon 55, 112, 137
Brown, Tracey 124
Buchanan, Rachael 55, 103, 104
Burrows, Professor John 153
Byrne, Dorothy 278

C

Cabinet Office, UK government 122, 143
Cain, Lee 137, 146
Callaway, Ewen 221
Cameron, David 137, 140
Campaign for Science and Engineering 142
Campbell, Alastair 16, 137, 212
Campbell, Dr Philip 7, 167, 231
cancer research 40, 194, 238–9
Cancer Research UK 190, 253
'canned quotes' 220
Care.Data 226–7
Catholic Agency for Overseas Development (CAFOD) 5, 23–4, 107
Catholic Church 106, 107–9, 112, 114
Centre for Ecology and Hydrology (CEH) 247–8
Centre for Radiation, Chemical and Environmental Hazards (CRCE) 133, 134–5, 135–6
cervical cancer vaccine 1, 2
Chalder, Trudie 77, 83
Chambers, Dr/Professor Chris 205, 240–3
Channel 4 News 39
Chantler, Professor Sir Cyril 129
Charles, Prince 8, 16, 30–1
chronic fatigue syndrome (CFS) *see* myalgic encephalomyelitis (ME)/ chronic fatigue syndrome (CFS) Churchill, Sir Winston 123
'churnalism' 218, 219
Civil Service Code 141
'Climategate'/climate controversies 149, 165–6
author's slip-up on *The Media Show* 168
climate change sceptics/deniers 8, 154, 155
comment from climate specialists 152–5, 155–7, 158, 158–60, 161
extreme headlines/reports 163–4
'Glaciergate' (2010) 157–8, 162
importance of climate debate 161–3
official enquiries into email scandal 166–7
Professor Phil Jones 150–2, 156, 157, 159, 160, 161, 165, 166, 168–70
SMC press briefing 158–60
Climatic Research Unit (CRU) 150
cloning 96, 97–8, 99, 100, 102
Clover, Charles 131
Cochrane network 86, 87, 89

cognitive behavioural therapy (CBT) 76, 86, 88–9
Collins, Professor Mary 197, 201, 206
Comment on Reproductive Ethics (CORE) 106, 113
Committee for the Public Understanding of Science 11
communism 13, 22
Concannon, Joan 253
Concordat on Openness 65
conflicts of interest 180–1
Connor, Steve 22, 158, 213
Cookson, Clive 56–7, 65
Cooper, Quentin 12
Cotgreave, Dr Peter 110
Coulson, Andy 137, 212
Covid-19 global pandemic 8, 14, 130, 146, 217, 255–7, 259
    blurring boundaries of science news 279–80
    clarifying scientific method 263–4
    Downing Street press conferences 276–7
    emergence in the press 260
    epidemiological modelling 271–3
    government media influences 261–3, 264–8, 271, 276–7, 284–5
    Independent SAGE 268
    journalistic styles 277–8
    Kate Bingham and the Vaccine Taskforce (VTF) 280–2
    'preprint' papers 273–4
    press cooperation from scientists 260–1
    Scientific Advisory Group for Emergencies (SAGE) and SPI-M 264–8, 271, 272, 279, 280
    SMC hosted conferences and briefings 268–9, 282–3
    vaccinations 280–8
Cowen, Tim 262
Cox, Brian 202, 264
Craig, Dr Claire 132
Crawley, Dr Esther 81, 83
Cummings, Dominic 130, 137, 267, 279

D

Dacre, Paul 212, 236, 237
    Daily Express 19, 151, 224–6
    Daily Mail 2, 16, 101, 105, 121, 166, 199, 215, 216, 224, 227, 236, 237, 239, 240
Daily Mirror 101, 160, 225, 239
    Daily Star 173
    Daily Telegraph 6, 21, 30, 31, 105, 279
Dalton Nuclear Institute 180
Davey Smith, Professor George 228
Davidge, Carolan 61
Davies, Nick 218, 219
Davies, Professor Dame Sally 244
Dawkins, Richard 202
de Sousa, Dr Paul 98
debt relief, overseas 5, 23–4
Declaration of Openness on Animal Research (2012) 65

Defence Science and Technology Laboratory, MoD's 186
Delingpole, James 168
Demina, Natalia 204
Department for Business, Energy and Industrial Strategy (BEIS) 131, 137, 281, 282, 284
Department for Business, Innovation and Skills (BIS), UK government 63
Department for Environment, Food & Rural Affairs (Defra) 26, 129, 131, 136, 138–9, 144–5
Department for Work and Pensions (DWP), UK government 75
Department of Health and Social Care (DHSC), UK government 75, 102, 129, 227, 271
Derbyshire, David 121
Devine, Jim 108, 109, 110
digital communication and the media 250–1
Dimbleby, David 202
Dix, Dr Clive 282
DNA, plant 15
Doll, Professor Sir Richard 210
Dolly the sheep 98
Donald, Professor Dame Athene 192
Downing Street press conferences, Covid-19 daily 276
Drayson, Lord 55, 62, 64, 121–2, 125, 168
drug policy, UK government illegal
118–22, 126
Dunford, Simon 150

E

Economic and Social Research
Council (ESRC) 290–1
Edmunds, John 267
Elliott, Professor Chris 129
embargos, press 28, 104–5, 109,
128–9
embryo research *see* human–animal hybrids
energy-saving light bulbs 224–6
engineers 11–12
English Nature 25
Entertainment Daily 269
Environmental Agency 139
environmental issues *see* 'Climategate'
climate controversies; genetically
modified (GM) food
epidemiological modelling 271–3
Ernst, Professor Edzard 238
Errico, Dr Alessia 198
EurekAlert 247
European Food Safety Authority
(EFSA) 223–4
European Parliament 179
European Research Council (ERC)
197, 200
Evans, Alfie 185
exaggeration in press releases, study of 242–3
ExxonMobil 154
Eyjafjallajokull volcano eruption (2010), Iceland 186

F

Farm Scale Evaluations on GM (2003) 17, 24–30
Farrar, Sir Jeremy 266, 267
Feilden, Tom 55, 56, 59, 80–1, 109, 190, 210
Ferguson, Professor Neil 267, 271, 279
Fields of Gold</17–20, 26
Financial Times</ 6, 52, 56–7, 59, 163
Flat Earth News</ (N. Davies) 218
Flavr Savr 15–16
Food and Environment Research Agency 136
Foresight reports 128, 129
Forest Research 138, 139
Francis Crick Institute 199, 253
Freedom of Information (FOI) requests 70, 155, 166
Friends of the Earth 16
Fukushima Daiichi incident 177–82, 186

G

Gard, Charlie 185
Gaudina, Massimo 195
Gay, Andrew 57
General Medical Council (GMC) 70, 77, 79
Genetic Interest Group (Genetic Alliance UK) 106
genetically modified (GM) food 3–4, 8, 15–36, 128, 209, 231
    animal experiments 31–4
    Dr Arpad Pusztai claims 31–2, 32–3
    Field Scale Evaluations trials 24–30
    Fields of Gold 17–24, 26
    'organic GM' 36
    Prince Charles 16, 30–1
    Professor Gilles-Eric Seralini claims 33–5
Genoa bridge collapse 187
genome editing, human 8, 115, 116
Ghani, Professor Azra 272
Ghosh, Pallab 4, 138–9, 140, 222, 275
Gilbert, Professor Sarah 256, 282
    'Glaciergate' 158
global warming 150–1, 162, 163–4
    see also 'Climategate'/climate controversies
Goldacre, Dr Ben 216–17
government, French 35
Government Office for Science (GO-Science) 128, 132, 264
government, UK 4–5, 8, 10, 12, 17, 25, 26, 38, 49–50, 55, 61, 63, 77, 78,
95–6, 102–5, 174–6, 182, 226–7, 290
    influence over scientists and the media 117–47, 261–3, 264–7, 271, 276–7, 284–5
    research institutes 133–47
graduated exercise therapy (GET) 76, 87, 87–9
Granatt, Mike 166, 167, 205–6
Grantham Research Centres on

Climate Change 153, 155, 158
Gray, Sue 143–4, 147
Great Ormond Street Hospital 185
Greenfield, Baroness Susan 6–7
Greenpeace 16, 30
Guardian<17, 18, 20, 21, 22, 28, 31, 55, 73, 165, 168, 202, 216, 220, 226, 227, 241, 264, 266

H

Hancock, Matt 232, 270, 277
Hanlon, Michael 81–2, 166
Hargreaves, Professor Ian 290
Harper, Stephen 136
Harris, Dr Evan 95, 102, 110, 124
Hartnett, Bill 263
Hawkes, Nigel 220, 229
Headley, Professor Max 42
Health and Social Care select committee 130
Health Protection Agency (HPA) 175
Health Research Authority (HRA) 77, 78, 86
Henderson, Mark 105, 112, 118, 122, 123
Henderson, Professor Gideon 144, 145
Henry, Professor 175
Herceptin development 40
Heywood, Sir Jeremy 141
Hibberd, Professor Martin 290
Highfield, Roger 21
Home Office, UK government 49–50, 120, 127, 128
horsemeat scandal (2013), UK 129, 174
Horton, Sir Richard 217
Hoskins, Professor Sir Brian 158, 160
House of Commons Science and Technology Committee 55, 78, 95, 106, 130
House of Lords Select Committee on Science and Technology 4
human–animal hybrids 95–102
  Charles Sabine's campaign/coverage 115
  experimentation ban 102–12, 113
  opposition groups 106–8, 112, 113
  SMC press briefing regarding HFE
  Bill 110–12
Human Fertilisation and Embryology Authority (HFEA) 101, 105, 112
Human Fertilisation and Embryology (HFE) Bill 95–6, 102, 107–12
Human Genetics Alert 106
human papillomavirus (HPV) vaccine 1, 2
human reproductive cloning 97
Humphrys, John 277
Hunt, Sir Tim 9, 189, 189–207
Hunter, Professor Jackie 192
Huntingdon Life Sciences (HLS) 57, 58
Huntington's disease 115
Hwang Woo-suk, Professor 100

I

Iceland (supermarket chain) 16
Imperial College London 45, 46, 73, 156, 175, 269
Independent<22, 51, 72, 160, 213, 216, 222, 275
Independent Press Standards Organisation (IPSO) 215
Independent SAGE 268
Inside Science<127
Institute for Government (IfG) 143, 146
Institute for Public Policy Research (IPPR) 163
Institute of Cancer Research (ICR) 253
Institution of Civil Engineers (ICE) 187
Intergovernmental Panel on Climate Change (IPCC) 157–8
internet impact on the media 250–1
Ipsos MORI Veracity Index surveys 130
ITV/ITN 31, 33

J

Jamison, Helen 212, 249
Jardine, Dr Lisa 112
Jay QC, Robert 212
Jenkin, Lord 4
Jha, Alok 55
John Innes Centre 19, 20
Johnson, Alan 112, 122
Johnson, Boris 137, 279, 280
Joint Committee on Vaccination and Immunisations (JCVI) 286–8
Jones, Professor Phil 150–2, 156, 157, 159, 160, 165, 166, 168–70

K

Kelland, Kate 87, 92
Khan, Imran 199
King, Dr David 106
King, Professor Sir David 268
Krebs, Professor Sir John 7
Kucharski, Dr Adam 272

L

labelling system, press release 244–7
Lancet<32, 75, 77–8, 86, 91, 120, 137, 247, 253
Larun, Dr Lillebeth 92
Laurance, Jeremy 216, 222
Lawton, Professor Sir John 131
Lechler, Professor Sir Robert 280
Leicester Mercury<59
Lemon, Professor Roger 42
Leveson/Leveson Enquiry, Lord Justice Brian 212–15, 236, 238
Leyser, Professor Dame Ottoline 198
Life (*Guardian* newspaper supplement) 24
Lintern, Shaun 275
Litvinenko, Alexander 175, 186
Living Marxism magazine 22
L'Observateur<magazine 34
London School of Economics and
Political Science (LSE) 125, 153
London School of Hygiene &

Tropical
Medicine (LSHTM) 272
London Underground 173
Long Covid 92
Lovell-Badge, Professor Robin 98, 103, 104, 108
Luther Pendragon 166, 205–6
Lynas, Mark 165

M

Macdonald, Victoria 277
MacKenzie, Kelvin 157
MacRae, Fiona 215
MailOnline 264
Mann, Professor Michael 150–1
Martin, Samantha 253
*Material World*i 12
Mathias, Ray 19
May, Elizabeth 165
May, Lord 20, 21, 22
May, Theresa 185
McCarthy, Michael 160
McClure, Professor Myra 73–4, 81
McGinty, Lawrence 31, 33, 35, 230
McKie, Robin 128, 196–7
McLaren, Professor Anne 99
McLean, Professor Dame Angela 272
ME Association 82
Meacher, Michael 25, 26, 29
measles, mumps and rubella (MMR)
vaccine 1, 3, 209, 222, 232
The Media Show 168
Medical Research Council (MRC) 60, 65, 75, 77, 78, 86, 89, 98, 106, 227
Medicines and Healthcare products
Regulatory Agency (MHRA) 284, 285
Medley, Professor Graham 272, 273
Mensch, Louise 203
Merkel, Angela 182
Met Office 143, 155, 156, 158, 164, 248
Michie, Susan 267
Miller, Dr Alastair 89
Minger, Dr Stephen 99, 104, 107, 108
Mirza, Ather 59, 60
mitochondrial DNA transfer 114, 116
Moderna vaccine 283
moisturiser and cancer link 215
Moloney, Professor Maurice 34
Monbiot, George 168
Monsanto 16
Montgomery, Sir Jonathan 78
Moore, Charles 21
Morano, Marc 155
Morris, Baroness 182, 186
Morton, Natalie 1, 2, 3
Mullineaux, Phil 20
Munn, Dr Helen 244
Murdoch, Professor Alison 100
Muscular Dystrophy Campaign
(Muscular Dystrophy UK) 106
myalgic encephalomyelitis (ME)/ chronic fatigue syndrome (CFS) 9, 67–9
activism and threats to scientists 69–71, 77–8, 79–82, 86–8, 91, 92–4
biobanks and DecodeME 91

myalgic encephalomyelitis (ME)/ chronic fatigue syndrome (CFS) (continued) harassment against journalists/ reporters 81–2
media criticism/bad-faith
journalism 83–5
PACE trials 75–8, 84–7, 90
psychiatry/psychology and recovery 70–2
revised NICE guidelines 88–90
XMRV retrovirus 72–3
Myles, Dr Allen 165

N

National Health Service (NHS) 82, 88, 89, 90, 226–7, 285
National Institute for Health and Care Excellence (NICE) 76, 88–90, 228
National Institutes of Health (NIH), US 92
National Nuclear Laboratory 180
National Research Council of Science and Technology, Korean 204
Natural Environment Research Council (NERC) 155–6, 158, 160
Nature magazine 84, 136, 162, 163–4, 167, 198, 221, 253
NatWest Bank 58
Nelson, Fraser 154
New Labour 137
New Scientist 48, 157
New Statesman 165
News International 212
Newsnight<21, 155, 167
Nobel Foundation 200
non-disclosure agreements (NDAs) 33
Norcross, Sarah 103
Norwegian Institute of Public Health 93
Nuclear Industry Association (NIA) 181
nuclear power station, Fukushima Daiichi 177–82
Nurse, Sir Paul 131, 147, 190
Nutt, Professor David 8, 10, 117, 118–24, 168, 193

O

OBE, author's 13–14
O'Brien, Cardinal Keith 108, 115
Observer 21, 48, 128, 196, 201, 205
Oettinger, Gunther 179
Ogden, Annie 150, 168
Okinawa Institute of Science and Technology 199
Oldroyd, Professor Giles 36
OpenSAFELY research platform 217
outlier's opinion and 'false balance'230
Oxford-AstraZeneca vaccine 282–4
Oxford Vaccine Group 256

P

PACE trials 75–8, 84–7, 91
Pachauri, Dr Rajendra 157, 159
Page, Professor Clive 42
Panorama 85

Parkinson, Dr John 227
Parkinson's disease 54
Parkinson's Disease Society (Parkinson's UK) 106
Partridge, Professor Dame Linda 264
Paxman, Jeremy 277
Pearce, Fred 154–5, 166
Pearson, Simon 63
Pfizer vaccine 283, 287
Phillips, Melanie 121
PHOSP-Covid 269
police force, UK 52
Pollard, Professor Andrew 256
Pollock, Professor Chris 24, 25, 26
Polytechnic of Central London (University of Westminster) 223
Ponting, Professor Chris 89
PR Week 282
preprint scientific papers 273–4
Press Association 35, 157, 236
Press Gazette<226, 275
press release labelling system 244–7
press releases and exaggeration
242–3
Primarolo, Dawn 110
pro-life/anti-abortion groups 102
Pro-Test 53
Proceedings of the Royal Society 26
professionalisation of science communication 254–5
Progress Educational Trust 103
Public Health England (PHE) 134, 134–6, 145, 146, 176, 271
'Public Understanding of Science'(Royal Society) 3
'purdah' rules, UK government 142–4, 147
Pusztai, Dr Arpad 31–2, 32–3
Pycroft, Laurie 53

Q

Quintavalle, Josephine 106, 113

R

Radford, Tim 15, 18, 21, 218
Raelian Church 97
Ramakrishnan, Venki 264
Randall, Jeff 30
Randerson, James 66
'rapid reactions,' SMC 172–87
Rawlins, Professor Sir Michael 126
REACT study, Imperial College 269
RECOVERY trials, University of Oxford 269
Regan, Professor Paddy 179
religious groups 1, 102, 106, 107–9, 112, 114
Research Defence Society 42, 54
Reuters 35, 87, 92, 255, 278
Richardson, Professor Louise 256
Roaccutane 47
Robins, Mike 54, 55
Roslin Institute 98
Rothwell, Professor Nancy 42
Royal Colleges 88
Royal Commission on Environmental Pollution 131
Royal Institution 6, 22
Royal Society 3, 18, 20, 32, 154, 162, 190, 193, 200, 211, 263

Royal Statistical Society (RSS) 143
Rusbridger, Alan 17, 19, 21, 22, 23
Russell, Sir Muir 166
Rutherford, Dr Adam 127

S

Sabine, Charles 115
Sainsbury, Lord 4, 51, 62
Salisbury poisonings (2018) 186
Sample, Ian 220
Schlesinger, Fay 205
Science and Society inquiry 4–5
Science magazine 72, 100, 253
Science Media Centre (SMC) 1–2, 5, 7, 9–10, 10–12, 14
    defence of science press officers 235–57
    relationship between scientists and
science journalists 209–33
scientists, media and animal research 37–66
scientists, media and breaking news 171–87
scientists, media and 'Climategate'/climate controversies 149–70
scientists, media and Covid-19 259–91
scientists, media and GM foods 17–36
scientists, media and government influence 117–47
scientists, media and human-animal hybrids 95–116
Science Media Centre (SMC) (continued) scientists, media and ME/CFS 69–94
scientists, media and sexism 189–207
scientific advisory committees (SACs), UK government 124–6, 131–2
Scientific Advisory Group for Emergencies (SAGE) 130, 264–8, 271, 272, 279, 280
scientific method 263–4
Sense About Science 124, 142
Seralini, Professor Gilles-Eric 33–5
Setchell, Assistant Chief Constable Anton 52
sexism in science, Dr Tim Hunt and 9, 189, 189–207
Sharpe, Professor Michael 70, 77, 83
Shaw, Professor Chris 98, 101, 103, 107, 108
Sheldon, Tom 224
Short, Clare 107
Six O'Clock News, BBC 109
Slingo, Professor Dame Julia 158
Smeeth, Professor Liam 227
Smith, Archbishop Peter 109
Smith, Dr Barnaby 247–8
Smith, Jacqui 118–19
Smith, Lord 139
So You've Been Publicly Shamed<(J. Ronson) 191
social media 255, 274
Soil Association 30
Somerset Levels (2013/14), flooding of 183
special advisers (SPADs), UK government 136–7, 262, 277
Spencer, Ben 229

SPI-M, SAGE 272, 279
Spiegelhalter, Professor Sir David 221–2
St Louis, Connie 219
Starmer, Sir Keir 281
'Statin Wars' 228–30
stem cells 96–7, 98, 100, 102, 108, 115, 116, 213
Stempra 142, 254
Stephens, Richard 227
Stilwell, Dianne 138, 139
Stop Huntingdon Animal Cruelty (SHAC) 58
Stott, Dr Peter 164
Sumner, Dr Petroc 240–3
Sun<113, 173, 203, 213, 238, 240, 286
Sunday Telegraph<53
Sunday Times 45, 46, 81–2, 131, 281
Support4Rs 79
Sutherland, Professor Bill 140
Swain, Mike 160, 225
Swift, Greg 226
Sykes, Sir Richard 282

T

Tabachnikoff, Shira 223
Ten O'Clock News\, BBC 52, 109
terrorism 173
    see also activists/campaigners; animal rights activists
    Tester, Dr Mark 17–19, 22
The Times 21, 62–3, 86, 105, 112, 118, 122, 143, 191, 201–2, 203, 205, 220, 261, 266, 278, 283
'therapeutic cloning' 96, 97, 98
Thomas, Ceri 63, 80
Thorpe, Professor Alan 158
'three-parent babies' 9, 115
Times Higher Education 246
Today programme 59, 60, 62, 80–1, 105, 108, 190, 191, 193, 221, 280
tomatoes, Flavr Savr GM 15–16
Tortoise Media 211
Trudeau, Justin 136
Trump, Donald 185
tsunami, Japan (2011) 177
Twitter 191, 204

U

UK Research and Innovation (UKRI) 146
Understanding Animal Research (UAR) 54, 65
university animal research facilities 40, 42, 44, 45–6, 51–3, 56–7, 57–60, 65
University College London (UCL) 193, 200, 201, 203, 252
University of Cambridge 36, 43, 45, 51, 65, 254
University of East Anglia 150, 151, 152, 156, 157, 166, 168
University of Edinburgh 252
University of Leicester 59–60
University of Liverpool 251
University of Manchester 180
University of Oxford 41, 42, 43, 51–3, 56, 65, 256–7, 269

University of Reading 252
University of Warwick 173, 252
University of York 252, 253
Unsworth, Fran 210, 278

V

Vaccine Taskforce (VTF), UK government 280–4
vaccines 1, 2, 3, 209, 222, 232, 255–7, 274, 281, 281–8
Vallance, Sir Patrick 256, 265, 266, 267, 268, 269
von Radowitz, John 236

W

Waddell, Dan 203
Wakefield, Andrew 232
Walport, Professor Sir Mark 65, 268
Walsh, Fergus 51, 55, 109, 228
Ward, Bob 18, 153–4, 156
Washington Post 211
Watson, Professor Andy 155
Watson, Professor Bob 157
Watt, Professor Fiona 86
Webb, Justin 221
Webber, Dr Joan 139–40
weedkiller cancer link 223–4
Wei Shen Lim, Professor 288
Weissberg, Professor Peter 227
Wellcome Trust 37, 60, 106, 109, 227, 254
Wessely, Professor Sir Simon 69, 70, 80, 80–1, 83
Whelan, Charlie 137
Whipple, Tom 203, 261, 278, 283
White, Professor Peter 75, 77
Whitty, Professor Chris 256, 266, 267, 269
Who's Misunderstanding Whom?</ report (2010), Economic and Social Research Council 290–1
Widdecombe, Ann 6
wildlife conservation issues 24–30
Wilkinson, Professor Dominic 185
Willetts, David 63, 64
Williams, Dr Andy 113
Willis, Phil 55
Wilmut, Professor Ian 98, 101
Wingham, Professor Duncan 161
Women's Hour 202
World Conference of Science Journalists (2009), London 190
World Conference of Science Journalists (2015), Seoul 189, 191, 194–5, 203–4
World in Action 31

X

XMRV retrovirus 72–3, 84

Y

YouGov public opinion polls 181

Z

Zernicka-Goetz, Professor Magdalena 254,

國家圖書館出版品預行編目資料

是炒作還是真相？媒體與科學家關於真相與話語權的角力戰：從基改食品、動物實驗、混種研究、疫苗爭議到疫情報導的製作 / 費歐娜．福克斯（Fiona Fox）著；陳岳辰 譯. -- 初版. -- 臺北市：商周出版，城邦文化事業股份有限公司出版：英屬蓋曼群島商家庭傳媒股份有限公司城邦分公司發行, 2025.03
面；14.8×21公分
譯自：Beyond The Hype: Inside Science's Biggest Media Scandals From Climategate to Covid
ISBN 978-626-390-453-8（平裝）
1. CST: 科學　2. CST: 媒體　3. CST: 新聞報導
307　114001650

線上版讀者回函卡

是炒作還是真相？媒體與科學家關於真相與話語權的角力戰

從基改食品、動物實驗、混種研究、疫苗爭議到疫情報導的製作

原著書名／Beyond The Hype: Inside Science's Biggest Media Scandals From Climategate to Covid
作者／費歐娜．福克斯（Fiona Fox）
譯者／陳岳辰
企畫選書／林瑾俐
責任編輯／林瑾俐

版權／吳亭儀、游晨瑋
行銷業務／林詩富、周丹蘋
總編輯／楊如玉
總經理／彭之琬
事業群總經理／黃淑貞
發行人／何飛鵬
法律顧問／元禾法律事務所　王子文律師
出版／商周出版
城邦文化事業股份有限公司
台北市南港區昆陽街16號4樓
電話：(02) 2500-7008 傳真：(02) 2500-7579
E-mail：bwp.service@cite.com.tw
發行／英屬蓋曼群島商家庭傳媒股份有限公司城邦分公司
台北市南港區昆陽街16號8樓
書虫客服服務專線：(02) 2500-7718．(02) 2500-7719
24小時傳真服務：(02) 2500-1990．(02) 2500-1991
服務時間：週一至週五09:30-12:00．13:30-17:00
劃撥帳號：19863813　戶名：書虫股份有限公司
讀者服務信箱E-mail：service@readingclub.com.tw
城邦讀書花園　網址：www.cite.com.tw
香港發行所／城邦（香港）出版集團有限公司
香港九龍土瓜灣土瓜灣道86號順聯工業大廈6樓A室
電話：(852) 2508-6231　傳真：(852) 2578-9337
E-mail：hkcite@biznetvigator.com
馬新發行所／城邦（馬新）出版集團 Cité (M) Sdn. Bhd.
41, Jalan Radin Anum, Bandar Baru Sri Petaling,
57000 Kuala Lumpur, Malaysia
電話：(603) 9057-8822　傳真：(603) 9057-6622

封面設計／萬勝安
內文排版／新鑫電腦排版工作室
印刷／韋懋實業有限公司
經銷商／聯合發行股份有限公司
電話：(02) 2917-8022　傳真：(02) 2911-0053
地址：新北市231新店區寶橋路235巷6弄6號2樓

■2025年3月初版
定價 520 元

Printed in Taiwan
城邦讀書花園
www.cite.com.tw

ISBN　978-626-390-453-8
EISBN　978-626-390-458-3（EPUB）